ゼロから学ぶ
量子力学

竹内 薫

F1レースで、ゴール前の大観客席の前あたりは、車がビュンビュンと最高速度で通り過ぎてしまうので、観客は首を左右に振るだけで、あまり車を見る時間がない。ところがヘアピンカーブのあたりは、車が速度を緩めているので、長時間車を見ることができる。だから、通は、料金の安いヘアピンカーブのあたりで観戦するのですね。
それと同じで、調和振動子の玉も、左右の方向転換のあたりでは速度が緩むので、長い間「滞在」することになるのだ。

ランダムに写真を撮って、玉がどこにあるかを確認するのである。この様な撮影を続けていると、しだいに、玉の位置に偏りがあるのに気がつく。どうやら、玉は、真ん中、つまり、(バネの)自然長あたりでは、あまり写らずに、バネが伸びきった左右の両端あたりでたくさん写っているではないか。
いったい、なぜだろう？
これは当然といえば当然なのであって、玉の速度は、両端ではゼロになって、真ん中辺では最大になるのだから、両端付近にある確率が高く、真ん中付近にある確率は低いのだ。

講談社

プロローグ

吾輩(わがはい)の名はエルヴィン。

すでに名がある。

ご主人様の名前は竹内 薫(たけうちかおる)と言って、ぐうたらで、いつも寝てばかりいる。

さて、吾輩の名の由来であるが、かの有名な量子力学の創始者、エルヴィン・シュレディンガーから頂戴(ちょうだい)したものだそうだ。

> エルヴィン・シュレディンガー（1887-1961） 
>
> オーストリアのウィーン生まれ。父親はオーストリア人で母親はイギリス人。大学で物理学を学んだあと、技術将校として第1次大戦に出征。戦後、チューリッヒ大学、ベルリン大学の教授を歴任する。フランスの物理学者ルイ・ドゥブロイが提唱した「物質波」、つまり、物質も波の性質をもつというアイディアを波動方程式にまとめて量子力学を完成した立役者。1933年にノーベル賞を受賞したが、ナチスが政権を握ったため、ドイツを離れる。ダブリンの高等研究所で研究を続け、戦後、1956年にオーストリアへ戻る。

そしてこのシュレディンガーの考えた奇妙な思考実験も有名だ。その名も「シュレディンガーの猫」。

「思考実験って何よ？」

おっと、吾輩が気持ちよく解説しているというのに邪魔が入ってしまった。仕方ない。吾輩の家族を一通りご紹介しておこう。

まず、今、質問をしたのが猫神亜希子(ねこがみあきこ)。吾輩のご主人の竹内薫のいとこで高校三年生。父親の海外赴任で残りの家族がアメリカへ行っているの

で、叔父さんの家に転がり込んでいる。生意気な人間の女だ。

猫神とは、なんとも奇妙な苗字（みょうじ）だが、家のものは、猫神という苗字が別段気にならないらしい。たまに庭に侵入してくる近所のガキ大将の話では、犬神とか神崎とか神谷とか猫田とか、世の中には猫や神がつく苗字がたくさんあるそうだ。そういわれてみると、猫神という苗字も、あたりまえに聞こえるようになるから不思議だ。気の持ちようということか。

まあ、吾輩は猫なので、人間の考えることは、たまに理解できないことがある。

「そうだ、思考実験なんて日本語があるのか？」

これが、亜希子の叔父さん。竹内薫の父親にあたる。いつも、近所のノラ猫にせっせとエサをやっている。おかげで、家族からは、「猫の隊長」などといううれしくないあだ名を頂戴している。勤めていた電気会社を定年になって、今は、悠々自適の隠居生活という次第。

「思考実験は、Gedanken Experiment といって、もともとドイツ語からきている。英語では thought experiment だ。頭の中で理論的に実験することをいう」

扉のところから顔を出して発言したのが竹内薫。大学と大学院では理論物理をやっていたらしいが、なぜか、就職せずに、大学の講師などをやっている。売れない作家だというが、取材と称しては飲み歩いているようにしか見えない。

しばらく姿を見ないと思ったら、いつのまにか「ゼロから学ぶ量子力学」なる副読本を書き上げたらしい。ホテルに缶詰になっていたようである。

もう1人、竹内薫の学生で上野シンという20歳の学生がいるのだが、今日は、遊びにきていない。

この本では、吾輩、エルヴィン竹内が読者の疑問を代弁して、ご主人の拙い（まず）文章を補足することによって、なんとか、ゼロからはじめて量子力学の妖しい（あや）世界を垣間見（かいま）ていただけるよう努力する次第。

ようこそシュレ猫ワールドへ！

ゼロから学ぶ 量子力学　　　　　　　　　　　目次

1章 まずは前菜からどうぞ
ーゼロから不確定性原理まで ……………… 1

1.1. 量子力学なんていらない？ ……………………………… 1
- 世界が潰れる？ …………………………………… 1
- 最終ゴールをのぞき見る …………………………………… 6
- 世界の素？ …………………………………… 9
- 世界の入れ物 …………………………………… 12
- 表の世界と裏の世界 …………………………………… 14

1.2. とんでもない世界 ……………………………… 17
- ニュートンの魔法 …………………………………… 17
- 光子の秘密 …………………………………… 18
- 電子をスマッシュ …………………………………… 20
- 大いなる謎 …………………………………… 24
- ブラックホールには毛がない定理 …………………………………… 25
- 常識を疑え …………………………………… 26
- 交通事故で死なない方法 …………………………………… 26
- 偏った光のナゾ …………………………………… 27
- 光をふるいにかける …………………………………… 30

1.3. 不確定性原理……自然の限界 ……………………………… 35
- この世に正確などない …………………………………… 35
- 誤差……ブッシュは本当に大統領か …………………………………… 36
- 波は三角関数で …………………………………… 37
- 大海原の不確定性 …………………………………… 41
- フランス貴族ドゥブロイの登場 …………………………………… 43

1.4. 数にもいろいろある ……………………………… 48
- 虚数マンション …………………………………… 48
- 微分・積分，ここだけの話 …………………………………… 57
- アメリカの大学生と勝負！ …………………………………… 62

2章 メインディッシュへと進む
―挑戦！ シュレディンガー方程式 …… 65

2.1. 量子の門をたたく …… 65
- 量子力学校の校則 …… 65
- 微分方程式なんて，ぶっとばせ …… 71
- 量子化とはなんぞや …… 74
- ハミルトニアンの具体的な形 …… 79
- 図解 シュレディンガー方程式 …… 81

2.2. シュレディンガー方程式を「解く」 …… 85
- まずは用意 …… 85
- ついに本題 …… 86
  - 1 自由粒子 …… 86
  - 2 調和振動子 …… 96
  - 3 水素原子 …… 104
- 単位系のもんだい …… 105

2.3. スピンとはなんぞや …… 110
- 水素原子と角運動量 …… 110
- トルクを忍者から教わる …… 112
- ベクトル積のなぞ …… 113
- 猫の回転 …… 113
- とりあえず図を描く！ …… 116
- スピンもあるでよ …… 126
- 交換関係は難しいのか？ …… 128
- スピンの方向は2つしかない …… 129
- 忘れたころにトンネル効果 …… 132

3章 デザートで口なおしをする
―量子論余話 …… 143

3.1. もう1つの量子力学 …… 143
- ディラックのブラケット …… 143
- ボームの量子ポテンシャル …… 146

3.2 量子力学がよくわかる、ここだけの話 …… 154
- 光速よりも速く …… 154

ポラロイドの種	160
からみあった状態	163
アインシュタイン敗れたり？	167
小説　シュレディンガーの猫	168

4章　レストランを出たあとで　—行列、大活躍！ ……… 175

4.1. 行列力学は楽しい …… 176
　無限行列なんて怖くない …… 176
　ハイゼンベルクの行列力学 …… 185

4.2 場（ば）の量子論 …… 193
　目標は量子論と相対論の結婚？ …… 193
　究極の理論に必要なもの …… 194
　フーリエ変換とはなにか …… 195

おわりに …… 205
参考書 …… 208
付録　ミニテストの答え …… 211
索引 …… 212

装幀／海野幸裕
カバーイラスト／本田年一
本文イラスト／横川ジョアンナ

第1章
まずは前菜からどうぞ
―ゼロから
不確定性原理まで

1.1. 量子力学なんていらない？

世界が潰れる？

「あたし落ちるわ」

　テレビのCMを見ていて椅子からズリ落ちそうになった。最近は、インターネットのチャット（会話）から抜けることを「落ちる」というのですね。英語でこのことを「drop」、というからなのだろうが、恐ろしい日本語だと思う。せめて、

「あたし落ち込むわ」

とでもいってほしい。

　冗談はさておき……。

　落ち込む、などといっても、もちろん、チャットや気分の話をするわけではない。実をいうと、ゼロから量子力学を学ぶための理由について、イントロのような軽い気分で、雑談をしたいのだ。

　世の中の大部分の人の目には、量子力学という学問は、おそらく、縁のない世界の絵空事としか映らないはず。でも、ちょっと立ち止まって、周囲を見渡してみれば、量子力学に関係のない機械やテクノロジーがほとんど存在しないことに驚かされることまちがいない。そこで、いきなりですが、質問です。

|質問|

ドラえもんの「もしもボックス*」に入って、
「もしも量子力学がなかったら……」
と唱えてみたら、いったい、世界はどうなるのだろうか？

|答え|

世界はなくなってしまう！

いや、禅問答みたいでもうしわけありません。でもこの話、本当なのだ。トランジスタやダイオードなどといったエレクトロニクス部品を小さくした大規模集積回路 IC は、量子力学の原理で動いているから、「もしも」の世界では、まず、パソコンや携帯電話は消滅してしまう。それから、電子制御を使っている現代の自動車もなくなってしまうし、早い話が、エレクトロニクス関係は、すべて全滅ということになる。

現代では、電車もバスもエレクトロニクス部品を使っているから、会社には歩いて通勤しなくてはいけないし、その会社だって、エレベーターはないから、階段で上がらなくてはいけない。そして、電話会社が存在しな

この世はすべて量子力学？

＊電話で話した内容が現実になってしまう道具

いから、仕事の連絡は、昔ながらの郵便か飛脚に頼まないといけなくなるだろう。そして、時計は、ネジ巻き式のものになるだろうし……。

いやはや、エレクトロニクスが全滅すると、とにかく、とても不便な世の中になることだけは確かだ。

だが、話は、それだけでは終わりません。

太陽や地球のような天体から、人間や猫のような動物にいたるまで、森羅万象は、原子からできている（詳しくは9ページの「世界の素」をご覧ください）。ところが、もしも、量子力学がなくなると、驚くべきことに、原子が潰れてしまうのだ！

いったい、なぜか？

そこで、その理由を理解するために、一番カンタンな原子である水素原子の模型（図1-1 上）をご覧いただきたい。

これは、学校で教わったことのある、太陽系のような水素原子の図ですね。太陽と地球のかわりに、原子核と電子がある。あたりまえの図です（ふつうの水素の場合、原子核は、陽子1個からなる）。

太陽と地球の場合には、重力がはたらいているので、地球は、どこかに飛んでいってしまわないで、太陽のまわりの公転軌道を回ることになる。

同じように原子核（プラス）と電子（マイナス）のあいだには、電気力がはたらいているので、電子は、飛んでいってしまわないで、「公転」軌道を回ることになる。

この"古典的な"図は、きわめてわかり

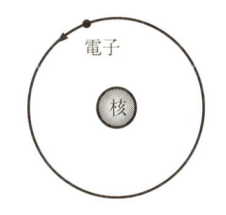

太陽系モデルだと…

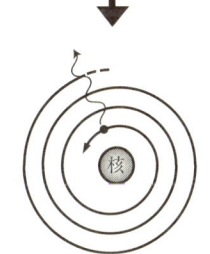

原子はつぶれるはず．でも…

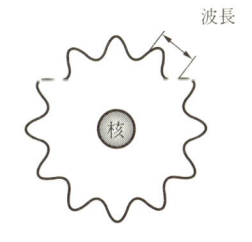

量子力学では電子が波になる

図1-1　水素原子のモデル

やすく、何も問題などないように思われる（"古典的"とは量子力学以前の物理学のことをいう）。

ところが……。

この古典的なイメージは、完璧にまちがっているのです。

なぜだろうか？

それは、「電磁放射」という現象と関係している。この本は電磁気学の本ではないので比喩的な説明しかできないが、電磁気学によれば原子核のまわりを回っている電子は、電磁エネルギーを放射して、徐々にスピードが落ちてゆくのである。あくまでも比喩的なイメージだが、転がっているボールが摩擦によってエネルギーを失なって止まるのと似た状況だ。原子核はプラスの電荷をもっていて、電子はマイナスの電荷をもっている。2つの電荷のあいだにはたらく引力は変わらないのに、電子のスピードが遅くなったら、いったいどうなるだろうか？

答えは、カンタンで、遠心力よりも引力のほうが強くなって、電子は、次第に原子核に引っ張られてゆく。つまり、徐々に軌道が小さくなって、しまいには、電子は原子核に落ち込んでしまう。いいかえると、原子は「潰れてしまう」のだ。

つまり、一番上の図はまちがっているのであって、正しくは、真ん中の図のように、原子は潰れてなくなってしまうのだ。水素原子にかぎらず、他の原子でも話は同じなので、森羅万象は、いずれ、潰れてなくなる運命にある……のだろうか？

これは、量子力学を誕生させるキッカケとなったパラドックスである。

ここまで説明してはじめて、なぜ、量子力学が必要なのかが理解できることになる。

図1-1の3番目をご覧いただきたい。最初の2つの図とちがって、今度は、電子が「点」ではなく、「波」になっている。これは、電子の軌道を描いたものではなく、拡がった波そのものが、電子なのである。これが、量子力学の考え方なのだ。ようするに

古典的なイメージ	量子的なイメージ
電子は点粒子だ	電子は拡がりのある波だ

　さて、古典的なイメージで考えていると、電子は、徐々にエネルギーを失なって、しまいには原子核に落ち込んでしまうのだが、量子的なイメージで考えると、そんなことにはならない。そもそも、波のエネルギーというのは、(大雑把にいって)波長の大きさで決まる。エネルギーが高いというのは波長が短いということだし、エネルギーが低いというのは波長が長いということだ。

　だが、電子が波だと考えると、どんな波長でも許されるわけではない。いいかえると、どんなエネルギーも許されるわけではない。それは、次の図 1-2 を見ていただければ納得してもらえるのではなかろうか。

　つまり、電子が、エネルギーを徐々に失うのだとすると、波長が徐々に長くなるわけなのだが、そうなると、波がきちんと「つながらなく」なってしまうのだ！　波が切れないで、波長が長くなるためには、徐々に波長が長くなるのではダメで、いきなり長い波長にジャンプし

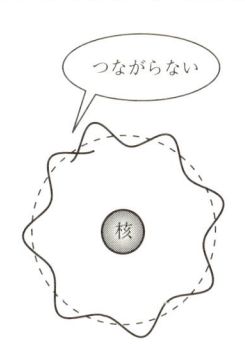

図 1-2　水素原子の波長

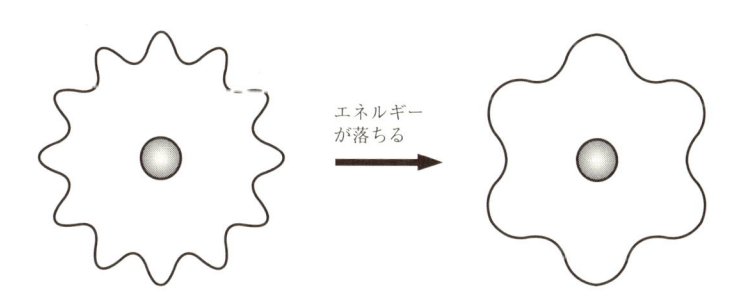

図 1-3　量子の飛躍

ないといけない(図1-3)。

よく、「量子の飛躍」という言葉を耳にする。英語では、quantum jumpという。エネルギーが徐々に低くなるのではなく、一気にカクンと低くなるのが、量子の飛躍なのだ(量子の詳しい説明は10ページ)。

徐々に変化することを物理学では「連続的」と表現する。突発的に変化することを「不連続」という。不連続な変化は、いうなれば、安定な状態が続いていたのが、あるとき突然、カクンと状態が変化するのである。逆に考えれば、変化するまでは、常に同じ状態で安定しているのだともいえる(「定常状態」と呼びます)。だから、古典的で連続的だと原子核に落ち込んでゆく電子は、量子的で不連続だと、なかなか原子核に落ち込まないということになって、さきほどのパラドックスは解決される。

| 解決 |　量子力学ではエネルギーが不連続になるので原子は潰れない

比喩的な説明でしたが、少しは、量子力学の必要性を実感していただけたのではないでしょうか？　(図1-3の「軌道」の大きさの変化など)水素原子の詳しい話は、第2章でじっくりとやりますので、お楽しみに。

最終ゴールをのぞき見る

さて、読者を驚かそうという魂胆ではないのだが、ここで、数式を1つご覧いただきたい。よく、ミステリー小説を読んでいて、我慢できずに終わりを読んでしまうことがある。それと同じで、ちらっと本書のゴールをお目に掛けようという次第。

あ、あとの楽しみにとっておきたい方は、どうか、次の節に「量子飛躍」してください。

$$i\hbar\frac{\partial}{\partial t}\psi = H\psi$$

これが、かの有名なシュレディンガー方程式。ウィーンの物理学者、エルヴィン・シュレディンガーが1927年に発見した20世紀で最も重要な方程式の1つ。

この本では、「ゼロ」からはじめて、シュレディンガー方程式の多角的

な意味を掘り起こすことにしたい。

> [この本の目標]　シュレディンガー方程式の「意味」を多角的に理解する

　世の中には、いろいろな参考書がある。たいていの量子力学の教科書には、量子力学が「何」であるかは書かれていない。ほとんどの本ではどうやってシュレディンガー方程式を解くか、いいかえると、微分方程式の解法テクニックが羅列してある。いわば、「ホワット」は無視して「ハウツー」に的を絞っている。この本は、そういう教科書とは逆で、量子力学の「ホワット」に的を絞っている。

　というわけで、この本は、

・生まれてはじめて力学ならぬ量子力学の世界を覗いてみようという好奇心旺盛な高校生から、
・学生時代に方程式の解き方は教わったが、頭に霞がかかったみたいで本当の意味が理解できなかったエンジニアの方々、そして、
・大学の演習の時間に、ふと、「でも、これってどういう意味なの？」という疑問を抱きつつ、先生にも同級生にも質問できないで悶々としている現役大学生……

こういった人々に読んでもらおうと思って書いた。
　数式と計算は省略せずにていねいな解説をつけるように努力したつもりだ。ゆっくりと噛みしめながら読み進んでみてください。

シュレ猫談義

亜希子（薫のいとこ）「しょっぱなから方程式を書かれてもねェ。薫おじさんは、人のやる気をなくさせる名人よ」

竹内薫「おいおい、僕はいとこであって叔父さんじゃないぜ。亜希子の叔父さんは、僕の親父、つまり隊長のことだろうが」

亜希子「やだ、そういう意味の叔父さんじゃなくて、フツーのおじさんって意

味よ」

竹内薫「(小さな声で)まったく、近頃の若いもんは…(かなりぞんざいな口調で)で、質問は？」

亜希子「だから、方程式の意味よ」

$$i\hbar \frac{\partial}{\partial t}\psi = H\psi$$

竹内薫「(ふてくされて顎をしゃくる)おい、エルヴィン、これくらい、弟子のお前が教えてやれ」

エルヴィン「亜希子さん、ご主人のご機嫌を損ねてしまったね。ま、この方程式は、もともと吾輩の誕生の秘密とも関係しているので、意味くらいお茶の子さいさい。いいですか、このホワイトボードに書きましょうぞ」

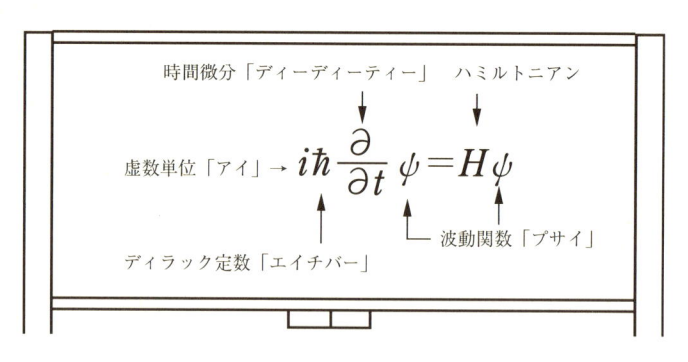

時間微分「ディーディーティー」　ハミルトニアン
↓　　　　　　　　　↓
虚数単位「アイ」→ $i\hbar \dfrac{\partial}{\partial t}\psi = H\psi$
↑　　　　　　　　↑
ディラック定数「エイチバー」　　波動関数「プサイ」

図 1-4　ホワイトボード

亜希子「シュレ猫さん、悪いけれど、全然わからないわ」

エルヴィン「虚数 i は2乗すると -1 になる数で、ディラック定数 $\hbar$（エイチバー）は、あとで出てくるけど、角運動量（距離×運動量）の単位で……」

亜希子「どうして h に横棒が刺さっているの？」

エルヴィン「h はプランク定数といって、まあ、量子力学の基本定数なんだけど、それを 2π で割っているから、棒が刺さっているのさ」

亜希子「どうして 2π で割るの？」

エルヴィン「そうさね、角振動数 ω（オメガ、2π 時間あたりの振動数）と普通の振動数 ν（ニュー）は、$\omega = 2\pi\nu$ という関係にあるでしょう？　あれと同じだと考えてください」

亜希子「ふーん、ハミルトニアンって？」
エルヴィン「ここでは、とりあえず、運動エネルギーとポテンシャルエネルギー（位置エネルギー）の和のことと思ってください」
亜希子「波動関数は？」
エルヴィン「量子力学では状態をあらわすのに波動関数と呼ばれるものを使います。時間 t と位置 x の関数で $\psi(x,t)$ と書かれます」
亜希子「どうして、波動なんて言葉で呼ぶの？」
エルヴィン「それは、おいおい明らかになりますが、量子力学では、物質も一種の波だと考えるので……」
竹内薫「まあまあ、亜希子も最初から質問攻めにしちゃ、エルヴィンも参ってしまうよ。もうちょっと先に進んでから、また質問してくれ」
亜希子「はぁい……あれ？　エルヴィンが消えたわ！」

世界の素（もと）？

　水素原子の話をしたが、そもそも、世界は何からできているのか？　その答えは素粒子である。そのココロは、世界の素になる粒子。
　われわれの周囲にある物質は分子からできている。その分子を熱したり、叩いたりすると分子が壊れて原子になる。その原子にはたくさんの種類があって、その表は次のページのような具合になっている。
　高校生は、「水兵リーベ僕の船」（リーベはドイツ語で「愛する」）などと言って、九九と同じようにお風呂の中で周期律表を暗記する（いまどきの高校生はしない？）。苦労して暗記させられて、「これが世界をつくっている煉瓦（れんが）みたいなものです」などと教わるのだが、煉瓦も砕けば粉々になるように、世の中には、原子よりももっと小さいモノがある。原子をつくっている部品である。それが、電子とか陽子とか中性子と呼ばれる素粒子。電子は、それ以上細かく分解できないが、陽子や中性子は、さらに分解することができる。それがクォークと呼ばれる素粒子で、この素粒子が3つ集まって陽子や中性子をつくっている。
　えぃ、話が込み入ってめんどくさい。ようするに、世界をつくってい

表 1-1　周期律表

H 水素																	He ヘリウム
Li リチウム	Be ベリリウム											B ホウ素	C 炭素	N 窒素	O 酸素	F フッ素	Ne ネオン
Na ナトリウム	Mg マグネシウム											Al アルミニウム	Si ケイ素	P リン	S 硫黄	Cl 塩素	Ar アルゴン
K カリウム	Ca カルシウム	Sc スカンジウム	Ti チタン	V バナジウム	Cr クロム	Mn マンガン	Fe 鉄	Co コバルト	Ni ニッケル	Cu 銅	Zn 亜鉛	Ga ガリウム	Ge ゲルマニウム	As ヒ素	Se セレン	Br 臭素	Kr クリプトン
Rb ルビジウム	Sr ストロンチウム	Y イットリウム	Zr ジルコニウム	Nb ニオブ	Mo モリブデン	Tc テクネチウム	Ru ルテニウム	Rh ロジウム	Pd パラジウム	Ag 銀	Cd カドミ	In インジウム	Sn スズ	Sb アンチモン	Te テルル	I ヨウ素	Xe キセノン
Cs セシウム	Ba バリウム	La ランタン	Hf ハフニウム	Ta タンタル	W タングステン	Re レニウム	Os オスミ	Ir イリジウム	Pt 白金	Au 金	Hg 水銀	Tl タリウム	Pb 鉛	Bi ビスマス	Po ポロニウム	At アスタチン	Rn ラドン

る究極のパーツは何なんだ？　そこで、また11ページのような、表にしてみる。

　この表に出てくる素粒子は、みな、量子である。

　読者が混乱するといけないので、ちょっと説明しましょう。

「量子」という言葉は、きわめて広い概念で、その量子の種類に「電子」とか「光子」といった個々の素粒子があるのだ。そして、クォーク3つの塊（かたまり）である「陽子」も量子の一種だし、それどころか、陽子のまわりを電子が回っている「水素原子」だって、量子の一種なのだ。分子の一部も量子である。

　それでは、人間や木や自動車も量子なのかといえば、それはちがう。テニスボールも砂も量子ではない。

　このように考えてくると、どうやら、比較的小さいものが量子で、大きいものは量子ではないのだな、ということがわかる。もっとも、多少、大きくても、温度が低いと量子になることもある。なんだか、気持ち悪い

表1-2 素粒子の展覧会（「場とはなんだろう」拙著、ブルーバックス）

フェルミオン

=レプトン類=（それ以上分割のできない素粒子）

名称	記号	スピン	重さ	電荷	その他
電子ニュートリノ	ν_e	1/2	0.000006以下	0	
ミューニュートリノ	ν_μ	1/2	0.37以下	0	
タウニュートリノ	ν_τ	1/2	35.6以下	0	
電子	e^-	1/2	1	-1	
ミューオン	μ^-	1/2	206.77	-1	
タウ	τ^-	1/2	3477	-1	

=クオーク類=（陽子などのハドロンを構成する素粒子）

名称	記号	スピン	重さ	電荷	その他
アップ	u	1/2	5.4	2/3	
ダウン	d	1/2	11.7	-1/3	
チャーム	c	1/2	2446	2/3	
ストレンジ	s	1/2	205	-1/3	
トップ	t	1/2	341096	2/3	
ボトム	b	1/2	8317	-1/3	

ボソン

=力を媒介する粒子=

名称	記号	スピン	重さ	電荷	その他
重力子	G	2	0	0	重力を媒介する
グルーオン	g	1	0	0	強い力を媒介する
光子	γ	1	0	0	電磁力を媒介する
ウィークボソン	W^-	1	157389	-1	弱い力を媒介する
ウィークボソン	Z^0	1	178449	0	弱い力を媒介する

=番外=

名称	記号	スピン	重さ	電荷	その他
ヒッグス	H	0	223874以上	0	

・重さは電子の質量（9.1×10^{-31}kg）の何倍かであらわしてあります
・スピンは粒子の自転のようなもの（詳しくはあとで）
・強い力は核を結びつけている力
・弱い力はベータ崩壊などを引き起こす力
(S. Eidelman et al., "The Review of Particle Physics" Phys. Lett. B592, 1(2004)を参考に作成)

が、一言でいうならば、

　量子とはシュレディンガー方程式にしたがうもののこと

となるだろう。それでは、量子でない古典的なものはどうなのかといえば、

　古典的なものはニュートンの方程式にしたがう

といっておけばまちがいはない。
　あるいは、こんなふうに考えてもいい。
　世界は、正確には、量子力学で記述されるのだから、森羅万象(しんらばんしょう)は量子である。だが、近似計算ができる場合があって、その近似計算のことをニュートン力学とか古典力学というのだ。

世界の入れ物

　話を元に戻そう。とりあえず、周期律表よりも基本的な素粒子の一覧表を見ていただいたので、
「世界は何からできているのか？」
という質問に半分だけ答えたことになるだろう。

　　え？　半分？　じゃあ、まだ、残りの半分があるのか？

　ええ、ありますとも。それは、世界の「中身」はいいとして、まだ、「入れ物」の話をしていなかったからです。
　いきなりだが、質問です。

　|質問|　われわれは時間と空間という入れ物の中に生きているのだろうか？

　禅問答ではない。科学的な質問である。中学校で3次元のグラフを教わったことがあるでしょう。ほら、あの x 軸、y 軸、z 軸を描いて、矢印のベクトルを描き込むやつ。
　ベクトルは「動き」をあらわしたり、力の大きさをあらわしたりする。向きがあって、長さが長いほど「大きい」のであった。

たとえば、ここにテニスボールが1個あって、ある方向にある速さで動いているとする。すると、その運動状態は、3次元空間の中のベクトルとしてあらわすことができる。運動量（＝質量×速度）をベクトルであらわすのである。あるいは、テニスボールが回転しているのなら、その回転速度に応じて、角運動量(回転の勢いのようなもの)もベクトルであらわすことができる。

古典的なものは3次元空間の中のベクトルであらわされる

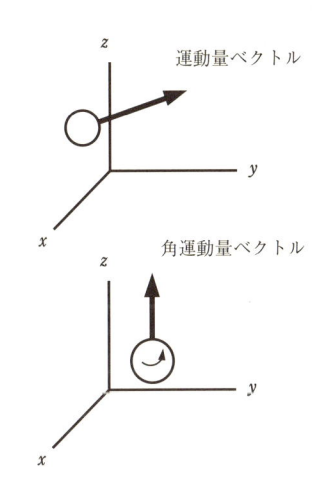

図1-5　ベクトル

つまり、前の質問の答えは、「イエス」なのである……テニスボールを扱っているかぎりは。

この本では、テニスボールよりもずっと小さいミクロの世界で成り立つ法則について説明するので、扱う対象は、電子とか光子とか、目に見えないほど小さいモノ。そして、そういったミクロの世界では、実は、さきほどの質問の答えは、「ノー」になるのです。

ミクロの世界においては、

量子力学は無限次元の空間の中の複素数のベクトルであらわされる

ということがわかっている。ポイントは、無限次元と複素数である。

うーん、いきなり、頭が爆発してしまいそうだ。なにか、このことを理解するのにいい比喩は存在しないか？

表の世界と裏の世界

　というわけで、映画の話へと脱線する。
　『マトリックス』という映画をご存じだろうか？　別に映画会社の宣伝をするつもりはないのだが、その設定が量子力学の世界を説明するのにもってこいなので、引用させてもらう。

　　　ネオ　　　　　　：これは……現実ではないのか？
　　　モーフィアス　　：「現実」とは何だ？　「現実」をどう定義するんだ？　もし君が感じることのできるものや、嗅ぐことができ、味わい見ることのできるもののことを言っているのなら、そのときの「現実」は君の頭脳が解釈した単なる電気信号にすぎないんだ。
　　　（『マトリックス』スクリーンプレイ出版より）

　キアヌ・リーヴス扮する主人公のネオは、目の前にある世界が、実は実在しない「バーチャルリアリティ(仮想現実)」の世界だと知って愕然（がくぜん）とする。時代も1999年ではなくて、2199年近くであり、人類はコンピュータ……あっ、ストーリーをバラしてはいかん。
　とにかく、ポイントは、われわれが見ている「世界」は、あくまでもわれわれの脳がつくりだした世界だということだ。目の前の世界は、そのままそこに実在するのではなく、目や耳や皮膚から入った情報を脳が再構成している。ということは、ありのままの現実などありえないことになる。
　にわかには信じがたいかもしれないが、人間は、精巧なバーチャルリアリティと現実とを区別することはできないはずだ。というより、そこまでいくと、何がリアルで何がバーチャルかは意味をなさない。原理的に区別ができないかもしれないからだ。
　さて、この気持ち悪い感じは、量子力学にも当てはまる。
　われわれは、3次元空間が実在して、その中で物が動いていると考えている。
　だが、この世の基本法則である量子力学の方程式は、3次元ではなく「無限次元」の空間があって、そこで動く物も実数ではなく複素数だとい

っているのだ。基本法則がそうなっているということは、そちらのほうがリアルだと考えるべきではないのか？　そうであれば、われわれが見ている３次元の世界は、ある意味でバーチャルな世界にすぎない。

　これは、別に僕だけが独断と偏見で言っていることではない。たとえば、手元にある量子力学の解説書を開くと、こんな図が載っている。

表の世界	裏の世界
現存在と現象	本質
測定値	波動関数
	作用素(物理量)
実数	複素数
直接的	間接的
確率的	一意的
偶然的	必然的
現実的	可能性の総体
出来事	相互作用

なんか難しそうだが、これは、量子力学の基礎、特に観測問題と呼ばれる分野の第一人者、町田茂氏による『量子力学の反乱』(学研)という本に出ている。ちょっと解説を引用してみよう。

　　量子力学が提起するこのような二重構造の世界は、古代ギリシャの哲学者プラトンの「洞窟のミュトス(神話)」の話を思い起こさせる。人間は洞窟の中に子供のときから閉じ込められ、一方の壁だけを向いて囚人のように座らされている。後ろの少し高いところに道が通っており、そこをいろいろなものを持って歩く人が通り過ぎる。その影は道の脇に燃える火に照らされて反対側の、つまり人間の前の壁に投影される。この影がその人間が見ている現存在と現象のすべてである。

どうだろう？　背後にある量子力学の世界こそが実在で、われわれは、その影を見ているだけなのかもしれない。

とはいっても、いきなり、無限次元とか複素数とかいわれても、とまどってしまう読者だって多いはず。いやいや、ご心配めさるな。複素数の話なども、ちゃんと解説してゆきますぞ。「ゼロから学ぶ」という題名に偽りがあってはなりません。

シュレ猫談義

亜希子「あ、シュレちゃん戻ってきたわ」

竹内薫「ようやくご帰還か。よ、隊長(父)はどこにいた？」

エルヴィン「鎌倉の駅前の飲み屋」

竹内薫「しょうがないなぁ」

亜希子「ひとりだけ A 型だから居心地悪いんじゃない？」

竹内薫「血液型のことかい？」

亜希子「そうよ」

竹内薫「みんな B 型だからな。特に科学的な根拠があるとも思われんが……だいたい、エルヴィンは猫だから、比較できないだろう」

エルヴィン「質問があるんですが」

竹内薫「うん？　エルヴィンが質問とは珍しいな」

エルヴィン「物理学者という人種は、日常生活を送っているときも、世界を無限次元のベクトルの動きとして認識しているのですか？」

竹内薫「さぁ、僕は途中でグレて、物理学者にならなかったもんでねぇ……物理学者は、おそらく、ふつうの人と同じような世界観で生きているのだと思うよ。だけど、数学者は別かもしれない」

亜希子「というと？」

竹内薫「数学者には変わった人が多くて、奥さんとスーパーに買い物に行って、突然、駐車場のど真ん中で動きが止まってしまって、何時間も空を見上げて訳のわからないことをブツブツつぶやいていたとか、独自の世界にのめり込

む人が多いみたいなんだ」
亜希子「物理学者は？」
竹内薫「物理学者は、物質とか宇宙といった目の前の具体的な世界を相手にしているから、あまり、そういう放心状態には陥らないのだと思う」
亜希子「薫おじさんは例外ということかしら？」
竹内薫「おいおい」

1.2. とんでもない世界

ニュートンの魔法

本論に入ります。

まず、この節のポイントから頭に入れてもらおう。

> ポイント 世の中にはニュートン力学(古典的な力学)のアタマでは理解不能な現象がある。そして、そういった奇妙な現象をあつかうのには量子力学が必要になる。

というわけで、まずは、われわれのアタマがニュートン色に染まっているということを自覚してもらうことからはじめたい。これは、ほとんどの人が気づいていないのだが、気づかないと、量子力学はゼッタイに理解できませんから、そのつもりで！

量子力学の意味を理解するためには、まず、小学校以来、叩き込まれてきたニュートン力学の「常識」をアタマから一度、消去する必要がある。まあ、早い話が頭の切り替えということです。

われわれの多くはニュートンの世界観で世の中を見ている。小学校から高校まで、理科や物理学の時間には、せっせと滑車を回したり天体の動きを計算したりするが、そのほとんどは、ニュートン的な物理学のお話。

本当は、話はそこで終わりではない。「続き」があるのだ。ところが、今の日本の教育システムにおいては、高校で理科系に進まない限り、ほとんどの人は、話の途中で物理学の勉強をやめてしまう。そして、肝心のオチの部分を聞き逃してしまう。

1687年に書かれたニュートンの「プリンキピア」の内容は、シェイクスピアよりも紫式部よりも、日本人の頭に深く刻み込まれている。

え？　本当にそうなのか？

ええ。そうですとも。論より証拠。いくつか実例をあげてみましょう。

光子の秘密

箱を2つ用意して、左右に並べておいておく。そして、玉を2つもってきて、適当に箱に向けて投げ入れる。ただし、うまく仕掛けをしておいて、必ず、どちらかの箱に玉が入るようにする。

さて、質問です。

|質問| 玉が左右の箱に1個ずつ入る確率は？

これは初歩的な確率論の問題。あわてずさわがず、静まり返った試験場で冷静に問題を解く心境になってもらいたい。こういう場合の常套手段は、考えられるすべての場合を列挙することです。玉を区別するために「赤玉」と「白玉」にしておきましょう。

図のように、答えはカンタンで、

①左に赤玉と白玉
②左に赤玉、右に白玉
③左に白玉、右に赤玉
④右に赤玉と白玉

の4通りですべての場合が出つくされる。

いいですか？

疑問がある人は、ここで、読むのをしばし中断して、じっくりと考えること。

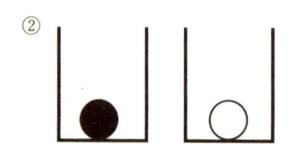

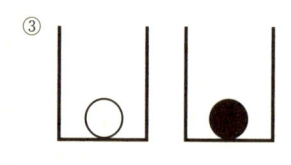

図1-6　赤玉と白玉

いいですね？

それでは、次に確率を計算してみよう。左右に1個ずつ玉が入るのは、パターンの②と③の2通りである。全部で4通りあるうちの2通りなので、求める確率は、2÷4で1/2。

答え $\frac{1}{2}$

そう、当たり前すぎて狐につままれたような感じがするかもしれないが、玉が左右に分かれて入る確率は50％なのだ。むろん、ここまでは前振りであって、これからが本題である。そこで、2つ目の質問をする。

質問　光子を2つ用意して同じような実験をしたら確率はどうなるか？

光子は英語でフォトン（photon）という。光の粒のこと。この本では光子や電子といった素粒子のふるまいをゼロから学ぶのだから、この場面は、予告もなしに、いきなり主役が舞台に登場したのである。あまり劇的でない？　いやいや、実はそれなりに劇的な登場なのです……。

光子の場合、入れ物はふつうの箱ではダメで、たとえば、光電子増倍管（photoelectric multiplier）という、わけのわからない名前のついた検出器が必要になるが、あくまでも原理的な話である。要は、赤玉や白玉と同じような実験をすることができるということ。

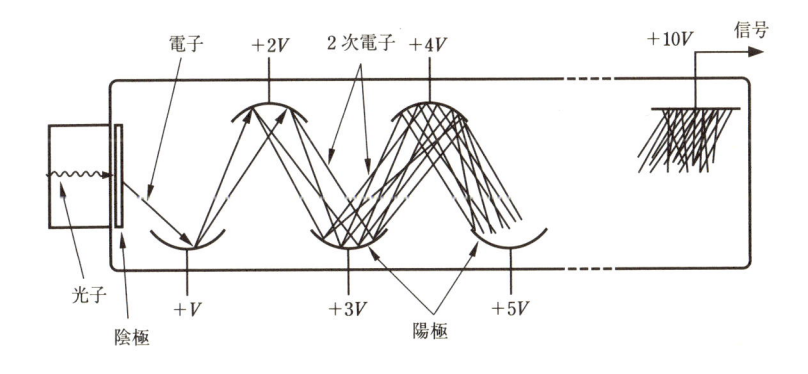

図1-7　光電子増倍管　光子を電子に変換して、その電子を五月雨式に増殖させて、検出可能な電気パルスにする装置

さて、いきなり答えを書いてしまうと、光子の場合、左右の箱に分かれて入る確率は、

答え $\frac{1}{3}$

となって、なぜか、1/2にならないのだ！

いったい、なぜ、1/2にならないのだろう？

これは一種のミステリーだから、名探偵が出てきて推理するのが一番なのだが、この本の場合、考えるのはアナタ。読者みずから知恵を絞って考えてもらわにゃ、頭の体操になりません。

ということで、どうしたら1/3という答えになるのか、しばし、お考えあれ。

答えは、ちょっと意地悪かもしれないが、次の例のあとで書きます。

電子をスマッシュ

テニスボールを使って、くだらない実験をやってみよう。用意するものは、ボールのほかには、白墨(チョーク)と黒板と長細い縦穴のあいたボール紙です。

ボール紙には縦穴が1つ開いている。ボールがラクラクと通り抜けられるような穴である（図1-8）。教室の後ろのほうに立って、教室の真ん中に「ついたて」のようにボール紙を置く。ボールは白墨で白くしておく。そして、テニスの練習のようにどんどんボールを穴めがけて打つ。すると、そのいくつかは、穴を通り抜けて黒板に達して、当たったところに白墨の跡が残る。そして充分に黒板にボールの跡がついたところで、写真を撮って記録しておく。

それから、今度は、別のボール紙で同じようなことをやる。ただし、縦穴の幅は小さくする。ちなみに縦穴のことを英語で「スリット」と呼ぶ。女性のスカートの切れ目と同じ。物理では縦穴ではなく「スリット」というので、この本でも、そう呼ぶことにしよう。

2度目の実験の結果も写真に撮る。さきほどの結果と比べると、当然のことながら、ボールの跡の「分布」は狭くなっている。スリットが狭くな

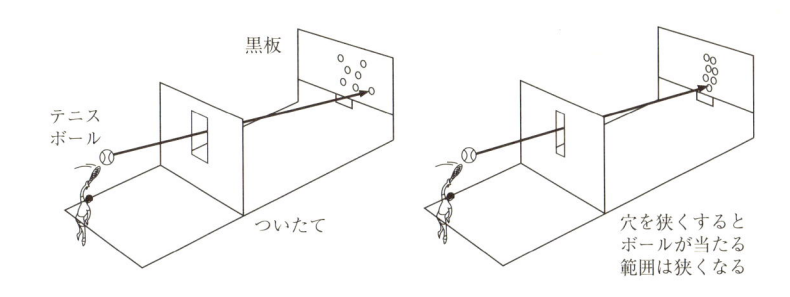

図 1-8　黒板めがけて打つ

ったからだ。当たり前の結果だ。

　さて、ここで、徐々にテニスボールを小さくしていってみる。まあ、物理的にボールを小さくすることはできないから、まずは、ピンポン球を使いましょうか。それから、ビーズにして、砂粒にして……しまいには、分子1個、そして、最後には、電子にしてしまおう。すると、実験の結果は、どうなるであろうか？

　電子の場合は、白墨をつけることはできないので、黒板のかわりに特殊な検出装置をおいておくことにしよう。

　スリットが広いときと狭いときの結果をご覧いただきたい(図 1-9)。

　いったい、なんだ、この結果は？

　順番がまちがっているのではないか？

　どうして、スリットが広いほうが分布が狭くて、スリットが狭いほうが分布が広くなるのだ？

　これは実は、波の「回折」現象と同じだ。波はその波長よりも小さな穴

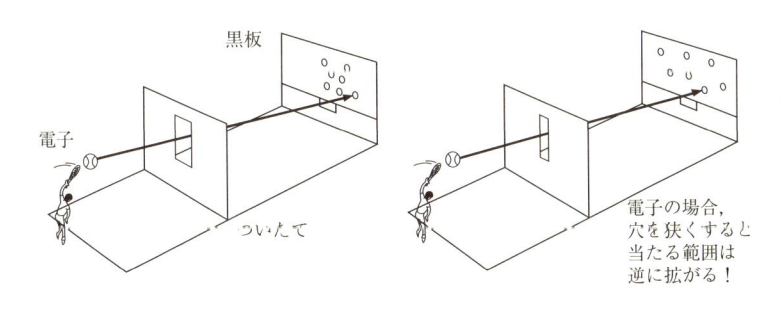

図 1-9　電子を打つ

を通ると、文字通り「回り込んで折れる」のである。ここで肝心なのは、穴が充分に小さくないと回折現象はあまりみられないこと。

うーむ、ということは、電子は「回折」したのか？　電子は粒子ではなくてやっぱり波だったのか？

もうちょっと追究してみよう。

今度は、スリットを 2 つにして、実験をしてみる。スリットは 2 つとも狭いものとする。すると、結果は、テニスボールの場合と電子の場合とで、図 1-11 のようにちがってくる。

テニスボールの結果はスリットが 2 つになったのだから当たり前。分布が 2 つに分かれただけ。

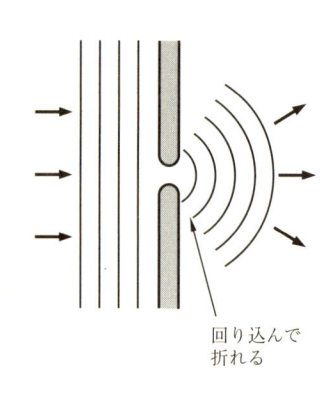

図 1-10　波の回折

問題は、電子の結果である。なんだ、この縞模様は？

これは、波の現象にみられる「干渉」模様にほかならない。2 つのスリットを通り抜けた波どうしの山と山がぶつかると「重ね合わせ」によって山（振幅）が大きくなる。つまり、強め合う。山と谷がぶつかると互いに打ち消し合って振幅が小さくなる。縞模様の明るいところは強め合いのところで、暗いところは打ち消し合っているところ。

ほら、やはり、電子は粒子じゃなくて「波」だったのだ。なにしろ、波にしかみられない、回折と干渉の性質を示すのだから。

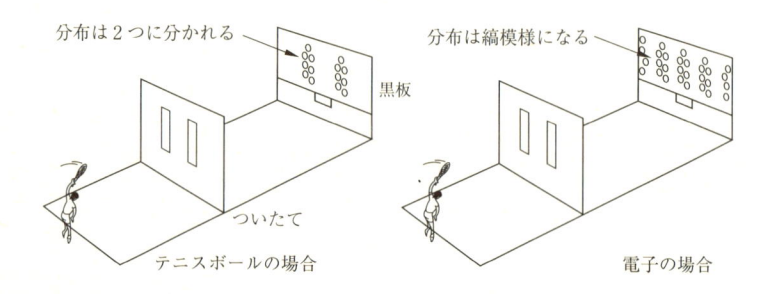

図 1-11　スリット 2 つ

でも、球を小さくしていったからといって、途中で「粒子」が「波動」に変わってしまうわけはない。何かが変だ。

実際、よくよく結果を見てみると、波の干渉パターンと電子の干渉パターンとには決定的なちがいがあることに気がつく。純粋な波の干渉パターンを図1-12で、電子の干渉パターンを図1-13で確認してもらいたい。

ね？　微妙にちがっているでしょう。そうです。電子は点の集まりが全

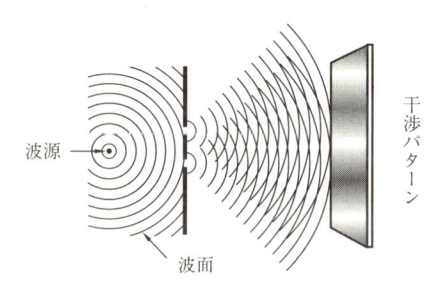

図1-12　干渉パターン

体として干渉パターンのようなものをつくっているのに対して、波の場合は、点ではなく、明るいところと暗いところが連続的なグラデーションを描いているではないか。

つまり、電子は、検出器にぶつかったとき、1個の点として記録されているのである。粒子だからである。全体に波が拡がっているわけではない。ポツリ、ポツリと点が記録されていって、その点の数が充分に増えると、なぜか、波の干渉模様みたいに見えるのである。ここには大いなる謎がある。

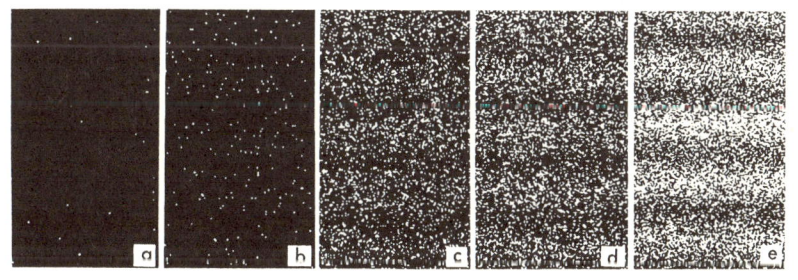

(a)電子の個数＝10　(b)電子の個数＝100　(c)電子の個数＝3,000　(d)電子の個数＝20,000　(e)電子の個数＝70,000

図1-13　電子の干渉パターン（「ゲージ場を見る」外村彰著、ブルーバックス）

大いなる謎

　僕は竹内薫という顔で科学書を書いている。だが、僕には裏の顔があって、湯川薫という名前でミステリー小説も書いている。ふたりは同一人物だが、知らない人には別人として受けとられる。ミステリーファンは関西に多いので、僕は、新幹線で静岡を越えるあたりから湯川薫に変身する。僕の中には実際に2つの人格が存在していて、そのときどきによって「モード」が切り替わるような感覚なのだ。

　これは、まさに、ジキル博士とハイド氏である。

　まじめな科学書を書く竹内薫と殺人トリックばかり考えている湯川薫。

　それと同じで、電子には、2つの顔がある。回折や干渉を示す「波」の顔と、ポツリと点として記録に残る「粒子」の顔。波の人格（量子格？）が出ているときは、粒子の人格は影を潜めている。逆もまたしかり。粒子の顔で笑っているときは波の顔は見えないのだ。

　それにしても、電子の本当の顔はどちらなのか？　謎は深まる。

　さてここで、前に戻って、1/3 という答えが出る理由を考えることにする。

　確率の計算をするには、すべての場合の数がわかればいい。くり返して書くと、今の場合、

①左に赤玉と白玉
②左に赤玉、右に白玉
③左に白玉、右に赤玉
④右に赤玉と白玉

で、すべての場合が出つくされた、と考えている。だが、そう考えると、答えは 1/2 であって、1/3 にはならない。

　いったい、どうすればいいのか？

　実は、場合分けに問題があるのです。

　量子力学では、正しくは、

図 1-14　光子には毛がない

①左に赤玉と白玉
②赤玉と白玉が左右に分かれる
③右に赤玉と白玉

の3パターンしかない(図1-14)。というより、「赤玉」と「白玉」というように色のついた個性で区別することができない。これを「光子には毛がない」と表現する。ふざけた表現と思われるかもしれないが、これに似た例は、ちゃんと物理学に存在します。

ブラックホールには毛がない定理

説明の都合上、ちょっと脱線。

実は、光子とはちがうが、似たようなものに「ブラックホールには毛がない定理」というれっきとした定理があって、英語では、「No hair theorem」という。うん？　奇妙な名前の定理だ。これは、犬のスヌーピーやチャーリー・ブラウンで有名なマンガ「ピーナッツ」の登場人物たちを思い浮かべれば理解できる。

僕は、先日亡くなった作者のチャールズ・シュルツさんのファンで、「ピーナッツ」は愛読書なのだが、1つ気になることがある。それは、チャーリー、ライナス、ルーシーといった登場人物が、みんな、同じ顔をしていることだ。髪の毛をなくしたら、みんな、同じ顔で区別できない。

ブラックホールには毛がないので、みんな、同じに見えてしまう。具体的には、質量と電荷と角運動量(回転の「勢い」みたいなもの)という最低限の個性はあるのだが、それ以外には個性がない、という意味。

たとえば、地球には水や酸素など個性があるから「水の惑星」なのである。水とか酸素とか森とか猫などといった地球だけの特徴が、「毛」に相当する。だから、地球には「毛」があるが、ブラックホールには「毛」がないのだ。

脱線終わり。

常識を疑え

　光子はブラックホールと同じで「毛」がない。ということは、「赤玉」と「白玉」といった具合に区別することができない。原理的にできない。だから、2つの光子が左右の箱に分かれて入る場合、
「どちらが右でどちらが左か？」
と問うことは意味がない。だって、「どちら」か原理的に区別がつかないのだから。

　原理的に区別がつかないので、場合分けのパターンも3つしかない。だから、確率も1/3になるのだ。

　いやぁ、不思議ですねェ。

　だが、ここで頭を切り替えるのも1つの手。つまり、
「常識的に考えて、おかしいぞ」
というのではなく、
「量子は、そもそも、常識ではとらえがたいもの」
と割り切ってしまうといい。「毛」がないから顔が区別できない非常識な奴のことを「量子」と呼ぶのだと思ってください（ただし、電子の場合は、光子とは微妙に異なる。それについては、この本のいちばん最後で解説するつもり）。

交通事故で死なない方法

　ところで、ダンプカーで煉瓦塀(れんがべい)に突っ込んでいったらどうなるだろうか？　当然のことながら、ニュートン力学の頭で考えれば、
「トラックが潰れるか煉瓦塀が粉々になる」
というのが正解だろう。

　だが、量子力学的な粒子が壁に突っ込んでいったときは、少々、話がちがってくる。驚くなかれ、量子は、幽霊やスーパーマンのように壁を通り抜けることが可能なのだ。

　ふんふん、まあ、量子なら、そんなこともあるだろう。だが、今は、ダンプカーが潰れるといったのであって、ちっちゃなミクロの世界の住人で

ある量子のことなど訊いてはいません。

ところが……。トラックも鉄やゴムといった物質から組み立てられているわけで、物質というのは分子なのであって、分子は原子からできていて、つまるところ、量子からできている。そして、トラックのようなマクロの物体の場合も、わずかではあるが、塀を通り抜ける可能性があるのです。

（図中の吹き出し）トラックだって塀を通り抜ける可能性がある

図1-15 トラックは塀を通り抜ける？

もちろん、われわれは、生まれてこのかた、トラックが壁に突っ込んで無傷で通り抜けてしまった場面は目撃したことがない。なぜなら、実際に計算をしてみると、トラックが通り抜ける確率は、とてつもなく小さいことがわかるからだ。

しかし、絶対に通り抜けないことと、わずかではあるが通り抜ける可能性があることとは、雲泥の差がある。そして、小さな量子の場合は、それこそ日常茶飯事のごとく、壁を通り抜けているのである。この奇妙な現象を「トンネル効果」と呼ぶ。これは第3章でやります。

偏った光のナゾ

真夏の海辺でサングラスをしている人がいる。そのサングラスを借りてきて、ちょっとした実験をしてみよう。実は、サングラスにもいろいろあって、ここでは、いわゆる偏光サングラスというものを使う。サングラスという言葉が嫌な人は、フィルターといいかえてください。カメラ屋さんで偏光フィルターを買ってくればいい。偏光フィルターは、英語では、polarization filter（ポラライゼーション・フィルター）とか polaroid（ポラロイド）という。

さて、偏光というのは、その名の通り、光の偏りのこと。といっても、カメラ好きの僕のように偏光が身近な読者ばかりとはかぎらないので、少

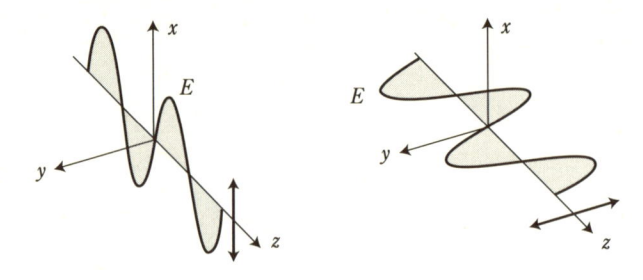

図 1-16　電磁波の電場部分

し解説しておきましょう。

　光は古典的に考えても波であり、常に振動している。振動しているのは電場と磁場なのだが、その電場と磁場は直角に振動する。話をわかりやすくするために、電場にだけ注目してみよう。すると、光の進行方向に立って「見る」と、電場の波の先端は、上下あるいは左右あるいは傾いて振動していることがわかる(図 1-16)。上下と左右のかわりに垂直と水平といってもいい。いずれにせよ、それは、進行方向から見ると、バネが振動しているように、直線的な動きを示すのである。これが「直線偏光」と呼ばれる光の状態だ(図 1-17)。

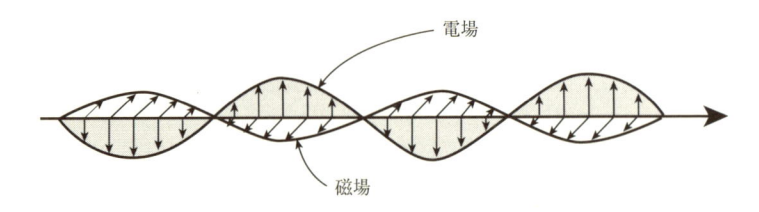

図 1-17　直線偏光

　だが、世の中には、直線偏光だけでなく、「円偏光」とよばれるものもある。それは、またもや進行方向に立って見ていると、光がやってくるのだが、その電場の先端が、直線的に振動するのではなく、円を描いて回りながらやってくる場合だ。横から見ていると、これは、ちょうど、コイルのような恰好になる(図 1-18)。

　詳しくは、光学や電磁気学の本をご覧いただくとして、この本では、直線偏光の場合だけをあつかいます。

　さて、偏光状態を調べるには、偏光フィルターを使えばいい。知らない

図 1-18　円偏光

人は、写真屋さんにいって質問攻めにしてくださいね。どこにでも売っている代物です。

　これは、あくまでも、比喩的なイメージなのだけれど、京都の町並みでよく見かける縦格子を思い浮かべてください。そう、あの美しい木の格子です。矢を縦にして格子を通り抜けさせることは可能だろうか？　もちろん可能だ。矢が充分に細ければ、ちゃんと、通り抜けることができる。だが、矢を横にしたら、格子につっかかってしまって、矢は通り抜けることができない。

　光の偏光は、矢の向きにあたり、縦格子が偏光フィルターにあたる。格子を傾ければ、通り抜ける矢の向きも変わるのは明らかでしょう。

　もちろん、これで理解できるのであれば、量子力学などいらないことになるわけで、実は、ちょっとしたパラドックスが生じるのである。

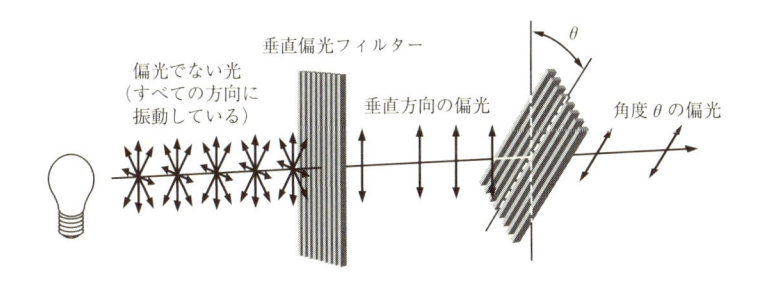

図 1-19　偏光フィルター

光をふるいにかける

　偏光がどんなものかわかったところで、そのパラドキシカルな状況に遭遇することにしよう。まずは、図1-20のように、ふつうの光をスクリーンに当てることからはじめる。

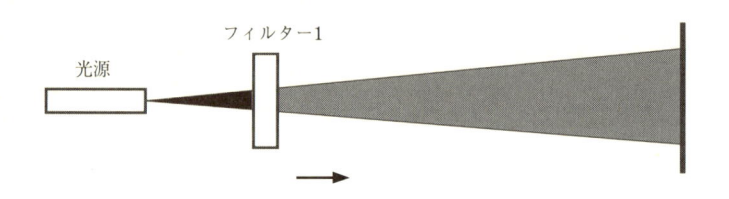

図1-20　光をふるいにかける

　水平に偏光した光だけを通すフィルター1を光源とスクリーンのあいだにはさむとどうなるだろう？

　答えはカンタンで、スクリーンに当たる光は薄暗くなる。水平に偏光した光だけしか通らないからだ。これは、ちょうど、光を「篩」にかけることにあたる。

　次に、フィルターをもう1枚はさんでみよう。今度は、垂直に偏光した光だけを通すフィルター2である。

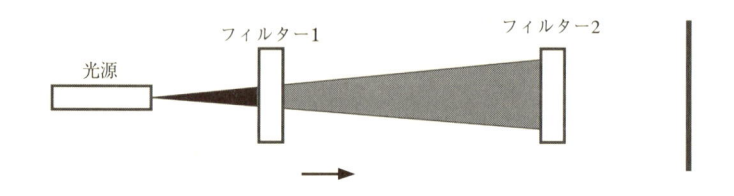

図1-21　フィルター2枚

　結果は、当たり前のことだが、スクリーンには光がまったく届かなくなってしまう。なぜなら、フィルター1で水平偏光にだけ絞られた光には、垂直偏光は含まれていないので、フィルター2を通る光がないからである。2つのフィルターによって、光は完全に遮断されてしまう。

　フィルターは、気に入らない光をブロックすることによって、光の量を

減らしてしまう。

　ところが……。

　フィルター1とフィルター2のあいだに、3番目のフィルター3をはさんでみる。今度は、斜め(45度)に傾いて偏光した光だけを通すフィルターである。

　すると、驚いたことに、これまで遮断されていた光が、少しではあるが、スクリーンに到達するようになるのだ！

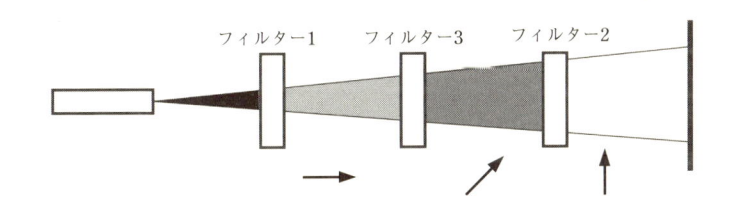

図 1-22　フィルター3枚

　これは、奇妙な現象である。なぜならば、フィルターというものは、通過する光の量を少なくすることこそあれ、増やすことなどないはずだから。

　だが、実験によれば、フィルターの数を増やした結果、通過する光の量が増えたのである。

　実はこれも、量子力学的な効果なのだ(この本の終わり近く(160ページ)でタネ明かしをします)。

> 古典的には、光とは、電磁波のことです。
> 正確にいうと、電磁波でも、目に見えるような場合を「光」とか「可視光」などと呼びます。波長が長いものは電波と呼ばれるし、波長が短いものはγ(ガンマ)線などといいます。電子レンジは、マイクロ波という電磁波をつかって調理する器具ですね。
> 電磁波には、その名のごとく、電気の成分と磁気の成分があって、この2つは常に直交しつつ振動しています。光は、量子的には、波の性質のほかに粒子の性質をあわせもつので、「光子」と呼ばれます。
> 「子」は、「つぶつぶ」という意味なのです。

シュレ猫談義

隊長（薫の父）「(目の前に忽然と姿をあらわした猫を見て)おや？　いつのまに……エルヴィンや、鰹ぶしが欲しいのか？」

エルヴィン「やだなぁ、隊長。いつも食べ物のことばかり考えているわけじゃないったら」

隊長「それもそうだ」

エルヴィン「いまのところで何かご質問は？」

隊長「そうだな、たとえば、見分けのつかない2つの白玉で考えたら光子のようにはなりはしないのか？」

エルヴィン「なりません。古典的な白玉の場合、どんなにがんばっても、完全に見分けがつかないようにはできないからです……。ところで、隊長、電子と光子のちがいってわかりますか？」

隊長「電子と光子か……そうだな、電子は重いが光子は軽い」

エルヴィン「そうですね、電子は重さが0.511 MeVで、光子は重さがゼロ」

隊長「0.511 メグ？」

エルヴィン「いえ、メガ・エレクトロン・ヴォルトを略してメヴというのです」

隊長「なんじゃ、そりゃ」

エルヴィン「正確には、MeV 割る c の2乗です」

隊長「チンプンカンプンじゃよ」

エルヴィン「メガ(mega)というのは、メガトン級の爆弾とかいうときのメガで、英語のミリオン(million)です。つまり、百万という意味。エレクトロン・ヴォルトは、電子ヴォルトともいって、電子を1ヴォルト(V)の電圧で加速したときに電子がもつエネルギーのこと」

隊長「電子をその1ヴォルトの電池で飛ばすのか？」

エルヴィン「そうです。プラスとマイナスの電極の間を1ヴォルトの起電力をもつ電池でつないで、電極の間の空間に電子をおくと、電圧の差によって、電子は、プラスの電極のほうへ動くでしょう」

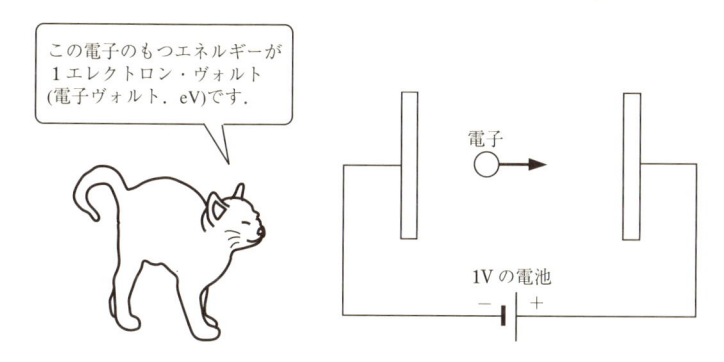

図 I-23　電子ヴォルト

(吹き出し)　この電子のもつエネルギーが1エレクトロン・ヴォルト (電子ヴォルト、eV) です。

電子

1Vの電池

隊長「水圧の高いほうから低いほうへ物体が流されるのと同じ理屈じゃな？」
エルヴィン「そうです。電子は、エネルギーをもちますよね」
隊長「ああ」
エルヴィン「そのエネルギーを光速 c の2乗で割るとどうなります？（そういって自分が着ているTシャツを見せびらかす）」
隊長「あ、エルヴィン、そのTシャツはなんだ？　ずいぶんわざとらしい仕草じゃないか」
エルヴィン「てへへ、これは、アインシュタインの有名な式ですよ」

$$E = Mc^2$$

隊長「うん、見たことはあるが、意味はわからん」
エルヴィン「左辺の E はエネルギーの頭文字です。右辺の M は質量 (mass) の頭文字です。c は光速」

$$c = 2.998 \times 10^8 \text{ m/s}$$

隊長「物理学ってのは、どうして、こうわからん略号ばかり使うのかね？　メートル毎秒はいいんだが、その前の 10^8 てのがわからんぞ」
エルヴィン「これは、10の8乗ですから、10を8回掛けるのです。つまり、100000000。ゼロが8個つきます」
隊長「なるほど。で、Tシャツの式の意味は？」

エルヴィン「エネルギーは、重さに光速の2乗をかけたものに等しい」

隊長「ということは、重さは、エネルギーを光速の2乗で割ったものに等しいということか」

エルヴィン「そうです。だから、電子の重さは、0.511 MeV というエネルギーを光速の2乗で割ったもの」

隊長「それって、キログラムに換算するとどうなる?」

エルヴィン「電子の重さは、9.109×10^{-31} kg。おっと、文句をいわれる前に補足しておくと、10^{-31} のマイナス31乗は、分母が10の31乗という意味です」

隊長「1/10000000000000000000000000000000 kg じゃな。やけに軽いな。だいたい、ゼロが多すぎて書きにくい」

エルヴィン「だから、ミクロの世界をあつかう量子力学では、電子ヴォルトという単位を使うのです」

隊長「百万電子ヴォルトがメヴねぇ。覚えておこう」

エルヴィン「電子と光子のちがいは、ほかにはどうでしょう?」

隊長「さあ、知らん」

エルヴィン「さきほどの素粒子の表にもありましたが、電子はフェルミオンという種類の素粒子で、光子はボソンという種類の素粒子なのです」

隊長「人間の男と女みたいなものか?」

エルヴィン「まあ、そんなものです。電子も光子も一種の自転の性質をもっていてですね、その自転の仕方がちがうのです。そして、電子は孤独で光子は群れるのです」

隊長「人の世でも、男は孤独で女は群れるし」

エルヴィン「あ、それは女性からみれば逆かも……隊長、酔っぱらってませんか?」

隊長「(缶ビールのふたをあけながら)あたりめえよ、こんな難しい話、しらふで聞けるか! あれ? エルヴィンや、どこへ行った?」

1.3. 不確定性原理……自然の限界

この世に正確などない

　不確定性原理はヴェルナー・ハイゼンベルクというドイツの物理学者が考えた。ハイゼンベルクは、シュレディンガーと並んで量子力学の基礎を確立した人物だが、主に不確定性原理と行列力学の業績で名前が残っている。行列力学については、本の最後で述べることにして、ここでは、不確定性原理をとりあげてみよう。

　不確定性というのは、英語では uncertainty（アンサーテインティ）。文字通り、「不確か」ということである。何が不確かなのかといえば、物理量の測定値が不確かなのである。

　さて、いきなりだが、また質問です。

　量子力学とはなんぞや？

　あとで、この質問に対する1つの答えとしてシュレディンガー方程式の話をするのだが、それと密接に関連するものの、ちょっとちがった見方をここで書いておこう。

　　　　　量子力学＝重ね合わせの原理＋不確定性原理

　重ね合わせの原理というのは、量子力学が「波」の性質をもっていることと関係している。たとえば、今、僕の目の前に万年筆が2つあるが、この2つは別々であって、重ね合わせることなどできない。当たり前の話だ。だが、量子力学では、たとえば2つの波が重ね合わせることができるように、2つの量子も重ね合わせることが可能なのだ。だから、量子力学的な世界観では、固い物質のイメージは消えてしまい、どことなく不気味な幽霊のようなイメージがとってかわる。

　量子力学の2つ目の原理は、不確定性である。ニュートン力学では、粒子の位置 x は、原理的に確定する。人間がどこにあるか知っているか、測定したかは別にして、とにかく、自然法則として、x の値は確定してい

る。だが、量子力学では、x の値は不確定なのだ。

これは、ふつうの物理実験の測定誤差と似ているようで、ちょっとちがう。

測定誤差は、たとえば、モノサシが歪んでいるとか、最小目盛り以下は誤差が入るとか、いろいろな原因があるものの、測定装置の精度を上げてゆけば、誤差は減少する。こういう誤差は、釣り鐘型の誤差分布(ガウス分布)にしたがうことが多い。このほかに、測定全体の偏りというのがあって、必ず重さが大きめに出る秤(はかり)などには、「系統誤差がある」などという。ところが、不確定性原理に出てくる不確定性は、いわば、第3の誤差とでもいうべきものであって、測定の精度の悪さとか偏りでは片づけることができない究極の誤差なのである。

不確定性は、実をいうと、量子力学だけでなく、古典的な波の現象にも存在する。そこで、まずは古典的な波の不確定性からみることにしよう。

誤差……ブッシュは本当に大統領か

僕は自分のホームページ(http://kaoru.to)で日記をつけているのだが、そこに、なかば冗談で、アメリカの大統領選の話を書いたことがある。物理学科で実験の講義を受けると、決まって教えられるのが、誤差の問題だ。いくら実験をやっても、意味のある結果と誤差をきちんと区別しないと、とんでもない結論に達することがあるからである。

誤差といっても、現象によって微妙に話はちがってくるのだが、ふつうの場合、測定データの数が n 個なら、誤差は、だいたい、n の平方根の桁になる。だから、たとえば投票数が 100 なら、誤差は 10 くらいなので、(100 ± 10)と書くのである。

誤差で大事なのが、さっきもいった系統誤差だ。これは、たとえば、測定器具が歪(いびつ)だったり、機械が傾いていたりして、測定結果に偏りが出てしまう場合である。

2000年のアメリカの大統領選で使われたバタフライ式の投票用紙では、民主党のゴア候補の票がブキャナン候補にまちがって流れた、と報道

されていた。だから僕は日記に冗談で、物理実験をやったことのある人なら誰でも、系統誤差の危険性を知っている、と書いた。

驚いたことに、その2週間後に、科学誌ネイチャーに、バタフライ式の投票用紙の系統誤差の論文が出た。カナダの学者が、買い物客にバタフライ式のアンケート用紙を配って、実験をしたのである。結論は、系統誤差が存在する、というものだった。

科学先進国アメリカにおいて、大統領選の結果が系統誤差によって左右されるという、最も非科学的なことが起こったのだとしたら、いったい、なんとコメントすればいいのやら。

人間の投票行為も誤差がつきものなわけで、たとえば、1000万票の投票があった場合、おおまかには、その平方根をとって、数千票が誤差ということになる。ということは、少なくとも、数千票以上の差をつけなければ、勝敗は決まらないということだ。

やはり、政治家も裁判官もまじめに科学を勉強すべきなのです。

波は三角関数で

古典的な波というのは、たとえば、海の波や、池の波紋とか、携帯電話の電波などといった現象のこと。不確定性原理というと、量子力学に特有の現象だと考えている人もいるが、ところがどっこい、波動現象には必ずあらわれる、ありふれた現象なのである。あとで複素数をやるときに、波動が指数関数と虚数を使って記述できることを見るつもりだが、ここでは、お馴染みの三角関数を例にとろう。

いわゆる正弦波は、

$$\psi(x,t) = A\sin(kx - \omega t)$$

という関数形であらわされる。ψ はプサイと読む。

さて、ここに出てきた ω（オメガ）は波の振動数で、「単位時間に何回振動するか？」という意味をもっている。たとえば FM 東京なら、周波数 80 メガヘルツなので、1 秒間に 80 メガ回の電波の振動があるわけです。

> サインとコサインは同じものといえます。等速な円運動を真横から眺めるとサインやコサインになり、遊園地でメリーゴーラウンドの一角獣の位置を立って眺めて、その位置をグラフにしたら、サインやコサインになります。
> サインは、規則正しい波であり、基本的な波なのです。

$\psi(x,t) = \sin(kx - \omega t)$

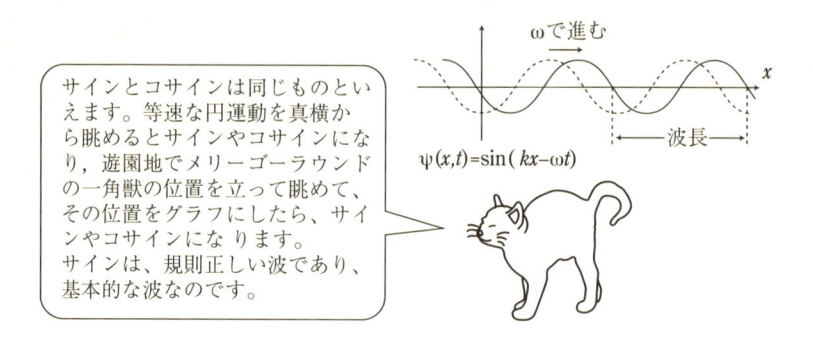

ωで進む
波長

図 1-24 波

メガは百万なので、8000万回ということになる。あるいは、昔、兵隊さんが足並みそろえて行進しながら橋を渡ると、橋が「共鳴」して振幅が大きくなって、しまいに橋が落ちた有名な事件があったが、橋が5秒に1回揺れるのだとすると、0.2ヘルツの振動数ということになる。

波の1周期を T であらわすと、当然のことながら、ω は T の逆数である。

k は波数で、その名の通り、「単位長さに含まれている波の数」のこと。波長のことをギリシャ文字の λ（ラムダ）であらわすのがふつうだが、k と λ は逆数の関係にある。なぜなら、波長は、波の完全な形が何mか、という意味だからである。波長は波の長さの単位である。たとえば波長が3mの波の場合、1mの区間には波が1/3個だけ含まれているといっていい。波長と波数は逆数なのだ。

式でまとめると、

$$k = \frac{2\pi}{\lambda}, \quad \omega = \frac{2\pi}{T}$$

ちょっと注意してください。ここには、余分な 2π という係数がくっついている。これは、円運動からきていて、円をぐるりと回ると360度、つまり 2π ラジアンだからである（図1-25）。サインとかコサインというのは、ようするに円運動を（上ではなく）横から見たときの大きさのこと。メリーゴーラウンドを空中からではなく、地面に立って見るのである。そ

れで、「2π 秒間に何回回るか？」ということで 2π がついているわけ。だから、ω のことを「角振動数」と呼ぶこともある。

まあ、意味さえわかっていれば言葉はどうでもいいので、この本では、ω のことを「振動数」と呼ぶことにする。

ここで、素朴な疑問として、$\psi(x, t)$ の式の ω の前のマイナスの理由を解説しておこう。どうしてプラスではいけないのか？　これは、答えからいうと、別にプラスでもマイナスでもいいのだ。では、どこがちがうかといえば、プラスとマイナスとでは、波の進行方向が逆だということである。

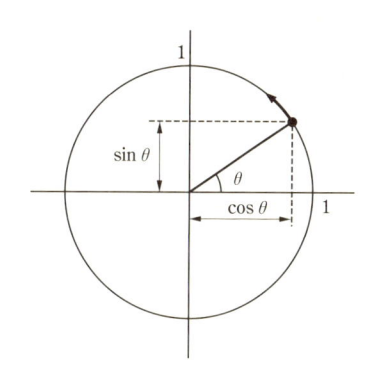

図 1-25　円運動

これを理解するには、ある瞬間の波の写真を撮って、それが、次の瞬間にどっちの方向に動くかを考えればいい。たとえば、サインが 1 の「山」の部分に注目するのである。サインが 1 ということは、引数(サインのかっこの中)が $\pi/2$ ということだ(正確には、それに 2π の整数倍を足しても話は同じ)。

$$kx - \omega t = \frac{\pi}{2}$$

この「山」は、一瞬ののち、すなわち Δt の時間ののち、x のプラス方向にあるだろうか？　それとも、マイナス方向にあるだろうか？　それを知るためには、t を $(t+\Delta t)$ にしてみればいい。山のてっぺんということは、右辺の $\pi/2$ は同じということなので、t が増えたぶん、x も増えて、うまく相殺しないといけない。つまり、x が増えるのだから、波は、x のプラス方向に進んでいることになる。

ちゃんと計算してみれば、

$$k(x+\Delta x) - \omega(t+\Delta t) = \frac{\pi}{2}$$

に、
$$kx - \omega t = \frac{\pi}{2}$$
を代入して、すぐに、
$$\Delta x = \frac{\omega}{k} \Delta t$$
と求まる。そもそも一般的に、波の速度を v として、
$$\Delta x = v \Delta t$$
となるから、自然と、
$$\frac{\omega}{k} = v$$
であることもわかる。

ω の前の符号がプラスであれば、速度 v は $(-v)$ となって、波の進行方向は逆になるという次第。

ようするに、kx と ωt の符号が逆であれば正の方向に進むので、$kx - \omega t$ でも $\omega t - kx$ でもよい。だから、高校では $\sin(\omega t - kx)$ と習うが、大学では $\sin(kx - \omega t)$ も平気で使う。

さて、さっきもやったが、波は進んでいるので、その速さを v と書くことにしよう。すると、波数は、
$$k = \frac{\omega}{v}$$
とあらわすことができる。この式は、上に出てきた波長 λ と周期 T で書きあらわすと、
$$\frac{2\pi}{\lambda} = \frac{2\pi}{vT}$$
つまり、
$$\lambda = vT$$
という当たり前の関係をいっている(わからない人は、距離(波長)＝速さ×時間(周期)とつぶやいてみてください)。

時間を止めて空間の視点から波を見ると、そこには、波長 λ と波数 k

がある。空間の1点にとどまって、前を通り過ぎる波を時間をかけて見ていると、そこには、周期 T と振動数 ω がある。

あ、ここまでは高校の理科の復習です(でも、正直いって、僕も波がよく理解できませんでした。出来が悪かったせいか、大学に入っても、ちゃんとわかっていなかったような気がする。先生の教え方が悪かったのだと思います。ホント)。

大海原の不確定性

なぜ、長々と波の話をしていたかというと、「不確定性」について論じたいからだった。

さて、ここで、とりあえず時間を止めておいて、「波束」というものをつくってみよう。これは、図にあるように、さまざまな波長の波を重ね合わせて、1カ所にピークがくる波をつくるのである。

本当にこんなことが可能なのかと思われるかもしれないが、たとえば、大海原で大型タンカーをまっぷたつにしてしまう大波がある。三角波と呼

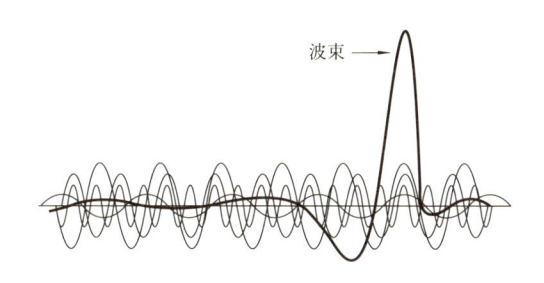

図 I-26 波束

ばれるもので、あれは、波の山と山が強め合って、異常に振幅の大きい波ができてしまう現象なのだ。

もっと数学的な話をすると、フーリエ級数とかフーリエ積分と呼ばれるものがある。この本にも出てくるが、ようするに、
「さまざまな波長の波を足してやると、どんな形の波でもつくることができる」
というお話。級数とか積分というと難しいイメージがつきまとうが、「足

し算」に毛が生えたようなもの。あまり怖がらないでください。あとで、解説いたします。

さまざまな波長といったが、もちろん、波長の逆数の波数 k で話をしてもいい。

波を足すといっても、すべての波を平等に足す必要はなくて、波数 3 の波を強度 10 で、波数 7 の波を強度 3 で、……という具合に、強さを変えて足してやる。その場合、最終的に、どのような波数の波をどのような強さで足したかをあらわすグラフを描くことができる。

波の形と波数のグラフをご覧ください。

いかがだろう？　ここには、なにか、法則のようなものがありはしませんか？　ちょっと考えてみてください。

おわかりになりましたか？　そうなのです。空間的にピークが狭くなると、波数の分布は拡がる。逆に、空間的に波が拡がると、波数の分布は狭くなる。なんだか、波の「位置 x」の拡がりと「波数 k」の拡がりが反比例しているような気がする。

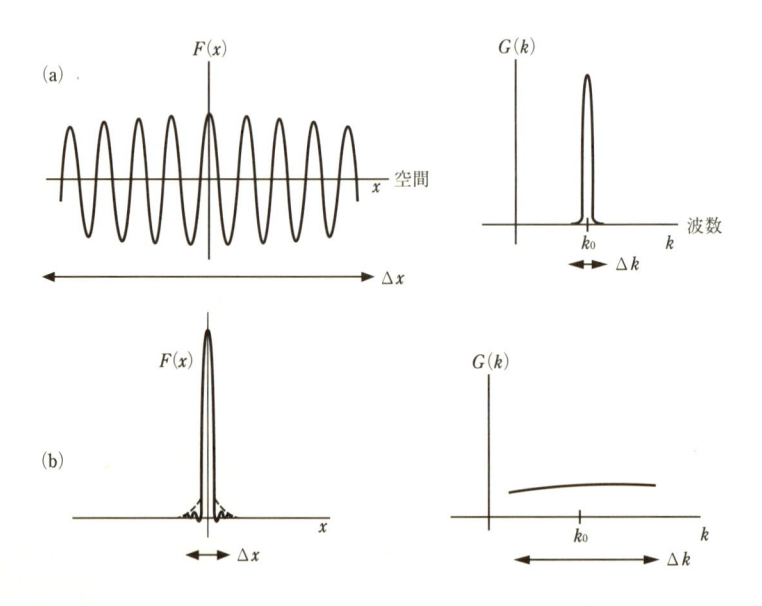

図 I-27　波の形と波数

ここでは数学的な証明はやらないが、波のピークの拡がりを Δx、波数の拡がりを Δk と書くと、

$$\Delta x \times \Delta k \approx 1$$

という関係があることが知られている。もっと正確に書くと、

$$\Delta x \times \Delta k \geq \frac{1}{2}$$

である。これは、

波の位置と波数の拡がりは、両方とも狭くすることは不可能

という意味。つまり、ピークの位置を狭い範囲に押し込めようとすれば、波数の分布は拡がってしまうし、逆に、限られた狭い波数の分布を使うかぎり、際だったピークをもつ波はつくることができなくなる。これは波のもつ基本的な限界であって、「位置と波数の不確定性」と呼ばれている。波にはつきものの現象である。

フランス貴族ドゥブロイの登場

この波の不確定性、量子論とどんな関係にあるのだろう？

フランス貴族のルイ・ドゥブロイは、1924年に「物質波」という概念を提唱した。それは、

ふつうの原子や電子といった物質にも波動の性質がある

というもので、早い話、粒子にも波動性があるというのである。その関係は

$$p = \hbar k$$

という数式で表現される。p は粒子の運動量であり、h に横棒が刺さった記号は、「プランクの h」という定数を 2π で割ったもの。

$$\hbar = \frac{h}{2\pi} = 1.055 \times 10^{-34} \, \text{J} \cdot \text{s}$$

J はエネルギーの単位の「ジュール」で、s は「秒」。横棒が刺さったものを「ディラックの h」と呼ぶ。つまり、粒子の性質である運動量 p と波の

性質である波数 k が $\hbar$ という定数によって結びつけられているのだ。

波の不確定性にこの p と k の関係を使うと、ハイゼンベルクの不確定性の式が得られる。

| ハイゼンベルクの不確定性 |

$$\Delta x \times \Delta p \geq \frac{\hbar}{2}$$

ディラック定数の意味は、おいおい、明らかになってゆくが、不確定性との関連でいえば、粒子の位置と運動量の拡がりの目安だといえる。つまり、粒子の位置と運動量を同時に決めようとしても、不確定性のためにうまくいかないのである。その不確定性の度合いがディラックの $\hbar$ というわけ。

ふつうの波の不確定性は理解できるが、いったい、これは何なのだ？ 粒子の位置と運動量が正確に決まらないだと？ その測定限界がディラックの $\hbar$ で決まるだと？ 馬鹿も休み休み言え。だいたい、ドゥブロイの物質波ってなんなのさ。粒子は粒子であって、波ではないだろう。いったい、どうなっているのか。

そこで、読者の苛立ちを鎮めるために、ハイゼンベルクが考えた「思考実験」をご紹介しよう。

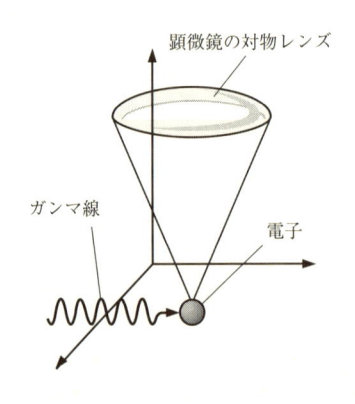

図 I-28　γ 線顕微鏡

といっても、図をご覧いただくだけで話はすむ。これは、γ（ガンマ）線顕微鏡という架空の顕微鏡だが、むろん、同じような実験をすることはできる。γ線というのは、波長の短い光のこと。たとえばこのγ線を電子に当てて、跳ね返ってきたγ線を見ると、電子が「見える」という次第。波長が短い光を使えば使うほど場所を特定できる。

　問題は、対象物がミジンコとか生物の細胞といったような巨大（？）な物質ではなく、電子のように小さい場合だ。対象物が小さいと、γ線がぶつかった衝撃で、どこかに飛んでいってしまう恐れがある。

　実際、電子は、γ線にぶつかられた衝撃で、動いてしまうのだ。動くというのは、速度をもつということ。つまり、電子の位置を測ろうとすると、電子の運動量がわからなくなるわけ。γ線の衝撃を恐れて、長い波長のやさしい光を使うと今度は位置がわからなくなる。つまり、運動量を正確に測ろうとすると位置がわからなくなる。

　だから、実際に実験装置を使って、電子の位置と運動量を決めようとしても、原理的な限界にぶち当たってしまう。それが、ディラックの h なのである。

　不確定性原理によって、粒子の位置と運動量は、同時に正確に決めることができないのだ。

　この不確定性、実は、位置 x と運動量 p のあいだだけではなく、ほかにも、角運動量の成分のあいだなどにもみられる。

シュレ猫談義

上野シン（薫の教え子）「（目の前の霧を眺めながら）お、エルヴィンの登場か？」

エルヴィン「ジャジャーン。あれ？　驚かないの？」

上野シン「だって、前にもあったから」

エルヴィン「なんだ、つまんないよぉ。お約束なんだからさ」

上野シン「早速だけど、不確実なのと不確定なのと、どうちがうの？」

エルヴィン「不確実ってのは、人間が知らないという場合に使うよね。不確定

というのは、人間が知っているとか知らないとかとは関係なしに、自然界が課した限界ということかな」

上野シン「だから不確定原理というのか」

エルヴィン「そういうこと」

上野シン「でも、どんな波にも不確定性はあるんだろう？ だったら、ハイゼンベルクの偉さはどこにあるの？」

エルヴィン「波に不確定性があるのは昔から知られていたけど、物質に不確定性があるなんて、誰も考えなかったからね。ハイゼンベルクの偉いところは、ドゥブロイの物質波の考えから導かれる帰結をγ線顕微鏡の思考実験によって定式化した点にある」

上野シン「ところで、亜希子さんは、最近、どうしてる？」

エルヴィン「おまえ、頭の中、量子力学になってないだろ」

上野シン「うん、うわの空」

エルヴィン「（口をあんぐりとあけて）あのなー」

上野シン「エルヴィンはいいよな。いつでも自由自在にどこにでも行かれて……俺もシュレ猫になってみたい」

エルヴィン「まあ、もうちょっと勉強してからだな」

上野シン「ドゥブロイってノーベル賞もらったの？」

エルヴィン「1927年に物質波が実験的に検出されて、1929年にノーベル賞をもらっている。多くの外交官と軍人を輩出した貴族の家に生まれて、最初は歴史を専攻していたんだよ」

上野シン「変わってるなぁ。で、ハイゼンベルクは？」

エルヴィン「ヴェルナー・ハイゼンベルクは典型的なドイツ人だった。1901年にドゥイスベルクに生まれて、ミュンヘンで理論物理を勉強した。ゲッチンゲン大学で助手をしているとき、師匠のマックス・ボルンとヨルダンの助けを借りて、行列力学という量子力学の定式化に成功したんだ。1925年のこと。シュレディンガーが量子力学の別の定式化を発見したのは、その翌年の1926年。ハイゼンベルクの不確定性原理は1927年で、1932年にノーベル賞をもらっているよ」

上野シン「え？ 量子力学を完成したのは、シュレディンガーよりもハイゼン

図 I-29　ドゥブロイ　　　　　　図 I-30　ハイゼンベルク

ベルクのほうが早かったの？」

エルヴィン「そうだよ。今では、ハイゼンベルク流とシュレディンガー流は、同じ量子力学をちがった側面から見たにすぎないことがわかっているんだ。ハイゼンベルクは、第２次世界大戦中、ナチス政権下のドイツに残って核の開発に取り組んだため、戦後、猛烈なバッシングを受けてしまった」

上野シン「ハイゼンベルクはナチスだったの？」

エルヴィン「いや、党員ではなかった。ハイゼンベルクの人生の研究で有名な科学史家のデヴィッド・キャシディは、ハイゼンベルクについて、こんなふうに書いている：

> ハイゼンベルクの理解し難い政治行動と歴史に燦然と輝く学問業績との矛盾は、波瀾万丈の世紀に生きた科学者と科学の大きな苦悩を物語っている。ドイツの忠実な息子であったハイゼンベルクは、自然を見通す透徹した目をもっていたにもかかわらず、祖国が悲劇的に誤った道を突き進んでいることにはまったく気がつかなかった。(「ハイゼンベルク：不確定性原理と量子革命」『量子力学のパラドックス』より)

偉大な科学者であったけど政治は皆目わからなかったみたいだね」

上野シン「そういえば、隊長(薫の父)にはエネルギーの単位が電子ヴォルトだ

といっていたくせに、ディラックの h にはジュールが出てくるのはどういうわけなのさ」

エルヴィン「あ、おまえ、どうしてそんなこと知っている?」

上野シン「あのな、携帯電話って知らないか? 隊長とは連絡とりあっているんだ」

エルヴィン「(赤面しながら)えへへ、吾輩としたことが……もっと凄い仕掛けがあるのかと思った……ま、いいや、ジュールと電子ヴォルトの換算はね、

$$1J = 6.242 \times 10^{18} \text{ eV}$$

となる」

上野シン「それで終わり?」

エルヴィン「ジュールも電子ヴォルトも両方使うのさ!」

上野シン「あ、都合が悪くなったもんだから逃げやがって……」

1.4. 数にもいろいろある

虚数マンション

　世界の素の話をしていたと思ったら、いつのまにやら、複素数とかベクトルとか数学的な話が出てきた。そこで、ちょっと、量子力学の理解の役に立つ数の話をしようではないか。

☞あまり数学が好きでない人は、すぐに第 2 章のシュレディンガー方程式の解き方へいってください。この本は、最初から最後まで順に読まないといけないわけではありません。老婆心ながら。

　もともと、物理学というのは、世界を数式で記述して、世界を観測して実験データを集める学問である。とりあえず、素朴に「世界」があるとして、いろいろな実験装置を使って世界にはたらきかけて、その反応をみるわけです。

　どんなに複雑な素粒子の実験装置も、原理的には、世界をいじくって、

その反応をみていることに変わりはない。

　物理学の理論は数式で組み立てられている。たとえば、ニュートンの $F=ma$ のような簡単なものから、この本の冒頭にあげたシュレディンガー方程式のようにちょっぴり複雑なもの、さらには、最先端の専門誌にしか出ていないようなもの凄く複雑な数式まで、さまざまのものがある。その数式によって、実験と比べることのできる数値を予測するのが物理学の基本である。

　イメージとしては、コンピューターというバーチャル(仮想的)な世界で行なわれるシミュレーションを思い浮かべてほしい。

　電車や車のシミュレーター(模擬操縦装置)は、リアルな世界の電車の動きをプログラムしてバーチャルな世界で同じようなことをやる装置でしょう。

　それと同じで、物理学も、リアルな世界の動きを方程式で記述することによってバーチャルリアリティ(仮想現実)をやっているのだともいえる。

　そこで、その記述の道具として使われる「数」がどんなものなのか、考えてみたい。

　たとえば、リンゴを1個、2個、……と勘定するのに必要な数は「整数」と呼ばれている。でも、リンゴを半分に切った場合、整数だけでは扱うことができない。そこで、1/2 とか 1/137 などという「分数」が登場する。分数は、整数を別の整数で割ったものである。おお、ここですでに「わり算」という数のあいだの「演算」が出てきてしまった。

図 1-31　数

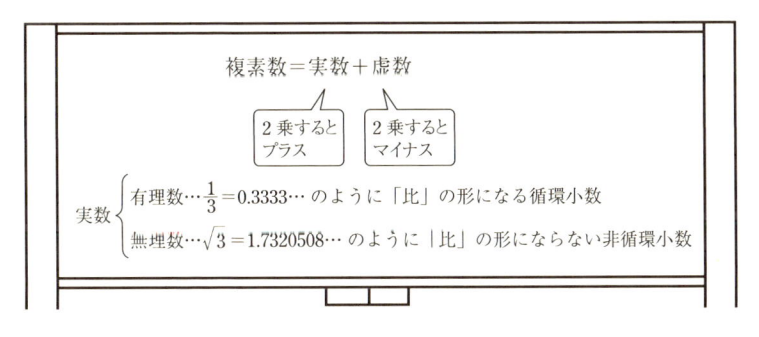

複素数 = 実数 + 虚数
- 2乗するとプラス
- 2乗するとマイナス

実数 $\begin{cases} \text{有理数}\cdots \frac{1}{3}=0.3333\cdots \text{のように「比」の形になる循環小数} \\ \text{無理数}\cdots \sqrt{3}=1.7320508\cdots \text{のように「比」の形にならない非循環小数} \end{cases}$

とりあえず、図をご覧ください。

順に、解説していきましょう。

まずは、複素数から。

複素数は実数と虚数からなる。英語ではコンプレックス・ナンバー（complex number）。そのココロは、実数と虚数の「複合体」。上層階がマンション（コンドミニアム）で、下のほうがショッピング・センターで娯楽施設もあるような複合施設のことを「コンプレックス」という。心の構造が複雑な人はコンプレックスをもっている、といったりするでしょう。もともとは同じ意味なのです。

実数は、ようするに小数であらわされるすべての数のこと。といっても、0.33333……と無限に同じ数が続くものもあれば、0.125 と有限個しかないものもある。このうち、同じ数のパターンがくり返しあらわれるものは、有理（比）数と呼ばれ、「比」であらわすことができる。英語ではラショナル・ナンバー（rational number）。rational は、「比」（ratio、レイショ）になる、という意味。

え？　本当なのか？　納得がいかない人もいると思うので、1つ例題をやってみましょう。

|例題|　循環小数 0.315315315……を有理数に書き換えよ。

|答え|　この循環小数を x とする。x のくり返しは3桁ごとなので、10の3乗、つまり、1000倍すると、

$$1000x = 315.315315315……$$

となる。この小数部分をなくすために、これから x を引くと、

$$999x = 315$$

ゆえに、

$$x = 315/999 = 35/111$$

つまり、

$$0.315315315…… = 35/111$$

と有理数であらわすことができる。

この方法は、循環小数には必ず使うことができるため、循環小数は有理数だということがわかる。

だが、実数には無理(比)数も含まれる。これは文字どおり、比であらわすことができない数のこと。例としては、$\sqrt{2}$ とか π などがある。無理数は、小数点以下が循環しないでいつまでも続く数のこと。

複素数は、この実数と虚数からなる。実数と虚数のちがいは、2乗したときにプラスになるかマイナスになるかの差だ。2乗するとプラスになるのがリアルな数(実数)であり、マイナスになるのがイマジナリーな数(虚数)というわけ。虚数をあらわすには、通常、英語の imaginary の頭文字をとって、i を使う。

$$i = \sqrt{-1}$$

さて、図1-32をご覧いただきたい。x 軸と y 軸が実数軸と虚数軸になっている。

$$1 + \sqrt{3}\,i$$

は角度が60°と30°の直角三角形の頂点にあたるわけだが、これは、図から明らかなように、長さが2の時計の針が「3時」の位置から反時計回りに60°回った点と考えることができる。円は360°で1回転だが、ラジアンであらわすと、360°が 2π (6.283……)ラジアンなので、60°は、その1/6で、$\pi/3$ ラジアンにあたる。この点を、

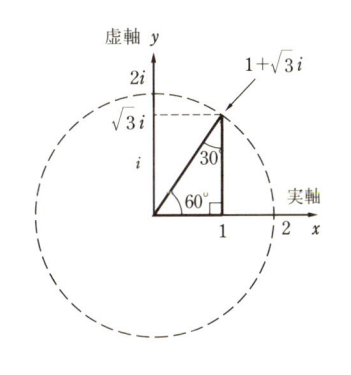

図1-32 複素数

$$re^{i\theta} = 2e^{\frac{\pi}{3}i}$$

と書く。この e^x は指数関数(exponential function)そのもので、$\exp x$ と書くこともある。この点は、図のようにサインとコサインであらわすと、

$$1+\sqrt{3}\,i = 2(\cos\frac{\pi}{3} + i\sin\frac{\pi}{3})$$

なので、指数関数と三角関数のあいだに、

$$e^{i\theta} = \cos\theta + i\sin\theta$$

の関係があることがわかる。これをオイラーの公式といい、r のことを「絶対値」、θ のことを「位相(いそう)」と呼ぶ。絶対値は、原点からどれくらいの距離にあるかを意味し、位相は角度を意味する。わかりにくい人は、壁にかかっている時計を思い浮かべていただきたい。絶対値 r は針の長さにあたり、位相 θ は(基準点から)何分たったか、つまり、時計の針の角度ということになる。

さて、指数関数を三角関数に結びつけるこの公式は、きわめて重要な公式である。なぜなら、この式を使うと、教科書に出ているほとんどの微積分の公式が証明できるからである。

嘘だと思うなら、1つだけ、やってみましょうか。ただし、出発点として、次の関係は知っておく必要がある。

$$\frac{d}{dx}e^x = e^x$$

つまり、指数関数 e^x は微分しても変わらないような関数なのだ。次の節に出てくるのだが、「微分」というのは、顕微鏡で覗いて無限大に拡大することにあたる。だから、指数関数というのは、顕微鏡で無限に拡大しても、見え方が変わらないような特殊な関数なのだといえる。

たとえば、次のような公式を証明してみよう。

$$\frac{d}{dx}\cos x = -\sin x$$

$$\frac{d}{dx}\sin x = \cos x$$

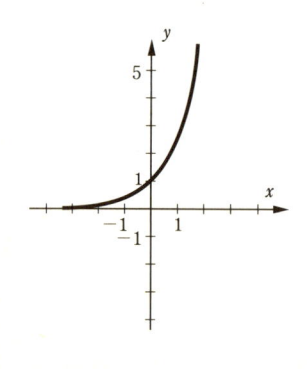

図 I-33　e^x のグラフ

これはカンタンである。指数関数と三角関数の関係がわかっているのだから、

$$\frac{d}{dx}e^{ix} = \frac{d}{dx}\cos x + i\frac{d}{dx}\sin x$$

となるが、左辺は、

$$ie^{ix} = i(\cos x + i\sin x) = -\sin x + i\cos x$$

となるので、実部と虚部を比べれば終わり。こうやってみると、コサインを微分するとサインの前にマイナスがつく理由も、なんとなくわかった気がしませんか。これは、

$$i^2 = -1$$

からきていたのだ。

複素数には、「複素共役（ふくそきょうやく）」というものがある。たとえば、

$$\psi = 1 + 3i$$

だとすると、その複素共役は、

$$\psi^* = 1 - 3i$$

で定義される（＊はアスタリスクと読むが、ψ^*はふつうプサイ・スターと読む）。虚数の部分の符号を変えたもののことだ。そして、複素数の大きさの2乗、すなわち「絶対値 r の2乗」は、

$$|\psi|^2 = \psi^*\psi = (1-3i)(1+3i) = 1^2 - 3^2 i^2 = 1 + 9 = 10$$

などと計算される。これは、あとで出てくるので覚えておいてください。

シュレ猫談義

亜希子「うーん、こんな公式の導き方なんく思いつかないわ」

エルヴィン「いえいえ、ご主人は、公式を導け、というのではなくて、導くことができるということを知ってもらいたいだけだと思いますよ」

亜希子「そうなの？」

竹内薫「そうだよ。昔、ある高名な物理学者が大学の講師に任命されて、いきなり物理数学の授業を受けもつことになった。前任者から手渡された資料に、その授業の過去の試験問題が入っていた。それを見た新任の講師は、顔を真っ青にして、こういったそうだ。

『こんなに難しいことをやるのですか？　この問題、僕が学生だったら、とても全部は解けそうにありません。もしかしたら、僕は、適任ではないのかもしれません』

それを聞いた前任者は、ニヤリと笑って、こう答えた。

『まあ、心配するな。俺だってアンチョコ(参考書)なしでは、全部は解けやしない。学生だって解けなかった。平均点は 30 点くらいだったと思うよ……いいか、教師は、試験問題を出すことができればいいのであって、解く必要はないんだよ……エンジョイしたまえ』

ま、そういうことだ」

亜希子「ちっともわからないわ。何がいいたいのよ」

エルヴィン「吾輩の推測では、ご主人がいいたいのは、読者は、副読本に出ている問題を全部、解くことができるようになる必要はないと……つまり、そういう話もあるんだ、とエンジョイすればよろしいかと……」

亜希子「素朴な疑問だけど、高校のころ、e^x と関連させて習った log の微分

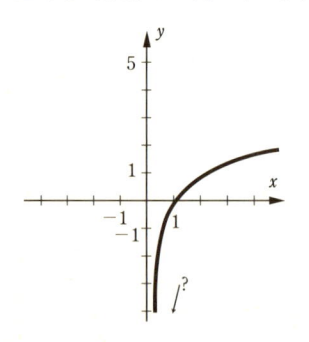

$$\frac{d}{dx}\log x = \frac{1}{x}$$

という公式は、x がゼロのときはどうなるのかしら？　無限大？」

竹内薫「あー、それは禁断の領域なんだよなぁ」

エルヴィン「さらっと解説なさったらどうです、ご主人？」

竹内薫「わかった。ひとりでも疑問に思っていることについて、何も書かずに通り過ぎるのは本意ではない」

亜希子「なに気取ってんの」

図 1-34　$\log x$ の謎

竹内薫「コホン。これは、ディラックのデルタ関数といって、無限大が出てくるときに必ず出てくる話題だ。詳しい話は巻末の参考書を見てもらうとして、ポイントだけ説明しよう。たとえば、

$$\frac{dx}{dt} = 1$$

という距離 x と時間 t の方程式があるとしよう。dx/dt は、距離の時間変化だから、速度を意味する」

亜希子「等速運動ね」

竹内薫「そうだ。答えは、

$$x = t$$

でいいだろうか?」

亜希子「時間ゼロのときに位置がゼロならね」

竹内薫「そのとおり。時間ゼロのときに x の初期値がゼロでなかったら、初期値 x_0 が必要で、

$$x = t + x_0$$

と書かなくてはいけない。この x_0 は定数だ」

亜希子「それが? 高校で教わったわよ。ついでに、等加速度運動の場合だったら、加速度を a として、

$$\frac{d^2x}{dt^2} = a$$

を積分して、初速度を v_0 と書くと、速度は

$$v = \frac{dx}{dt} = at + v_0$$

となって、もう一度、積分すると、距離 x は、

$$x = \frac{1}{2}at^2 + v_0 t + x_0$$

だったわ」

竹内薫「よく覚えているじゃない♪……それがわかっていれば、話は早い。初

期値というか、余分な定数がつくのと同じ考えで、量子力学の場合、デルタ関数 $δ(x)$ という名の、余分な無限の大きさの関数がつくんだ。発明者のディラック先生の教科書から引用してみるね。

> ある方程式の両辺を、零という値もとれる変数 x で割るときには、いつでも一方の辺に $δ(x)$ の任意の倍数をつけ加えておく必要がある。たとえば
>
> $A=B$
>
> という方程式から考えて
>
> $A/x=B/x$
>
> と結論することはできず、c を任意の数として
>
> $A/x=B/x+cδ(x)$
>
> ということだけしか結論できないのである。
>
> (『量子力学』ディラック、岩波書店より、傍点筆者)

どうだい?」

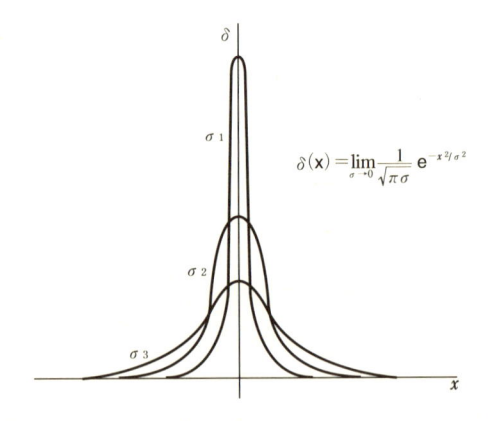

$$δ(\mathbf{x}) = \lim_{σ \to 0} \frac{1}{\sqrt{π}σ} e^{-x^2/σ^2}$$

図 1-35　ガウス分布(誤差分布)は釣り鐘型だが、面積を1に保ったまま、その幅を狭くして高さを高くしていった極限がディラックのデルタ関数

亜希子「ヘェ、量子力学では無限大の定数を考えるの」
エルヴィン「δ(x)は、超関数(ちょうかんすう)と呼ばれていて、積分記号 $\int$ の中でだけ使うことができます。でも、イメージとしては、x＝0 のところで無限大で、その他の点ではゼロのような関数と思ってもらって結構です」
竹内薫「コホン。微分と積分については、次の節で説明するね」

微分・積分、ここだけの話

　複素数を使うと、指数関数 e^x が微分しても変わらないことから出発して、サインなどの微積分の公式が導けることがわかった。元来、勉強というものは、このように少数の原理だけを暗記しておいて、あとは、そこから「ずるずると」つながって出てくるにまかせるものなのだ。そうすると、全体が「わかった」ような気になる。そうでなくて、たくさんの公式を断片的につながりを考えずに暗記していると、勉強するのが苦痛になるし、効率も悪い。

　ところで、そもそも、微分・積分って何なのだろう。この本は、量子力学の副読本であって数学の本ではないので、あまり深入りはできないが、シュレディンガー方程式を理解するのに必要なので、少し直観的に考えてみよう。

　まあ、一言でいうと、微分というのは、「小さな引き算」のことだ。たとえば、関数 $\psi(x)$ を微分するということは、

$$\frac{d}{dx}\psi(x) = \frac{\Delta \psi}{\Delta x} = \frac{\psi(x+\Delta x) - \psi(x)}{\Delta x}$$

という具合に、点 x と無限小だけ離れた点 $(x+\Delta x)$ での関数の値の引き算なのである。ここで、ふつうの教科書では、Δx が「充分に小さい」とか「ゼロになる極限」などといって微分を定義しているが、これは、わかるようでわからない。極限をとるというのが、なんとなく気持ち悪い。充分に小さいときは近似で、ゼロの極限で微分になるといわれても……。

　ふつうの教科書に書いてあることをこの本でくり返しても無駄なので、別の考え方をご紹介しよう。

それは、Δx が「無限小数」という新しい数だと考えることだ。「無限・小数」ではない。「無限小・数」である。つまり、極限とかなんとかいうのでなく、無限に小さい数が実際にあ̇る̇と考えてしまうわけ。

　ゼロという数が「数」であることを発見するのに人類は長い時間がかかった。そこから、さらに、負の数とか分数とか無理数とか虚数とか、とても存在すると思えない数が続々と登場してきた。考えてみれば、「ゼロ」というモノは存在しないのである。リンゴが3個というのは、モノが3個存在するわけだが、ゼロ個というのはモノではない。負の数ともなると、まったく、モノとは関係しなくなる。だが、黒字だけをあつかっていたのでは経済学はできないから、赤字をあつかえる数字が必要となる。こうやって考えてみると、もともと、数というのは、モノではなく、「関係」をあらわす概念なのである。だから、論理的であるかぎり、どのような数を考えてもいいはずだ。

　そこで、無限に小さい数を考える。そして、1つの規則を定める。

|規則| 　st は「標準部分」をあらわし、無限小でない部分をとる(採用する)操作をあらわす

　st はスタンダードの略。といっても、これでは何のことかわからないので、実例を見てみよう。

$$\mathrm{st}(3+\Delta x)=3$$

　3 に無限小の Δx を足した数があって、その標準部分をとると、3 になるのである。これは、Δx をゼロとおくことに等しい。

$$\mathrm{st}(\pi \Delta x)=0$$

　π に無限小の Δx を掛けたものは、有限の数に無限小数がかかっているので、全体としては無限小なのだ。だから、その標準部分はゼロ。

　こうやって考えると、微分も合理的に定義できる。

$$\frac{\mathrm{d}\psi}{\mathrm{d}x}=\mathrm{st}\left(\frac{\Delta \psi}{\Delta x}\right)$$

　つまり、小さな引き算をして、その標準部分をとるのである。たとえ

ば、x^3 を微分するには、小さな引き算をして、

$$\frac{(x+\Delta x)^3 - x^3}{\Delta x} = \frac{(x^3 + 3x^2\Delta x + 3x(\Delta x)^2 + (\Delta x)^3) - x^3}{\Delta x}$$
$$= 3x^2 + 3x\Delta x + (\Delta x)^2$$

となるので、この標準部分をとって、$3x^2$ となるのである。

引き算といったが、Δx で割っているのだから、これは、「傾き」を求めていることにあたる。たとえば、$y=ax$ の傾きは、y を x で割ったものである。それと同じで、微分も関数の傾きを求めることにほかならない。

だが、傾きといっても、複雑に曲がりくねったグラフになる関数の場合、単純には傾きなど定義できないのではあるまいか？

いいえ、Δx で割っているということは、ようするに、無限小の部分の傾きを求めているのです。だから、微分は、無限小の領域を有限に拡大することのできる「無限小顕微鏡」で関数のある部分を覗き見ることにあたる。

無限小顕微鏡には倍率があって、Δx まで見える顕微鏡で見ると、関数の曲線はまっすぐに見えて、接線と曲線は区別できない。だが、$(\Delta x)^2$ まで見える顕微鏡を使うと、接線と曲線が区別できることになる（図1-36）。

|微分|　無限小顕微鏡で拡大すること

ある意味で、微分とは、その名のごとく、微かなところまで分けるのであって、直観的には、関数の特定の部分を無限に拡大して見ることにほか

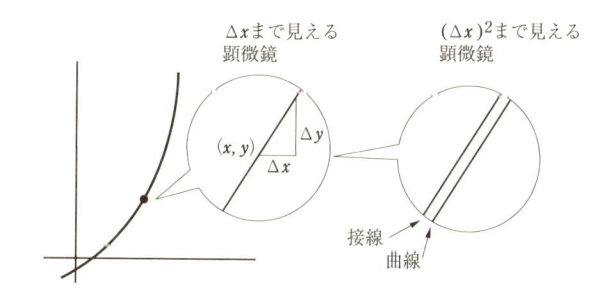

図1-36　無限小顕微鏡

ならない。

　無限小数で微分を定義する方法は、もともとライプニッツが考えたのだが、あまり論理的でなかったために数学者に嫌われて、廃れてしまった。以来、300年にわたって、解析学は、コーシー、ワイアストラス、ボルツァノらによる「ε-δ(イプシロン-デルタ)法」で基礎づけられてきた。だが、僕の生まれた年、つまり1960年になって、ロビンソンという学者が、ライプニッツ流の無限小数で、厳密に、解析学を打ち立てることに成功したのだ。

　大学に入ると、数学の授業が一変する。それは、数学者が厳密な話をはじめるからである。たとえば、「連続」の概念にしても、「ε-δ法」を用いて、きわめて非直観的にやる。だから、理数系の学生の大半は落ちこぼれてしまう。大学の解析の授業が本当にわかるのは、数学科に進む連中と、せいぜい、理論物理に進む連中くらいのものだ。

　だが、ライプニッツ流の直観的な方法でも、解析を厳密にやることは可能なのだ。どうして、この無限小解析の方法が大学教育に普及しないのか、非常に不思議である。

シュレ猫談義

隊長（しつこいが薫の父である）「あれ、ヘンだぞ！　シュレディンガー方程式に出てくる微分 $\partial/\partial t$ は、ここにでてきたのと記号 d/dt がちがうではないか」

エルヴィン「えへへ、お気づきになりましたか」

隊長「誰でも気づくわい」

エルヴィン「変数が x だけならば、d/dx という記号を使えばいいのですが、変数が t と x のように２つ以上ある場合は、ちょっと話が複雑になるのです」

隊長「どのように？」

エルヴィン「図1-37をご覧ください。関数 $\psi(t,x)$ のグラフです」

隊長「ふむ」

エルヴィン「微分とは、ある点における関数の傾きを求めることでしたね」

隊長「それはわかっとる」

エルヴィン「でも、変数が 2 つ以上ある場合、いったい、どっち向きの傾きのことをいうのでしょう？」

隊長「うーむ、なるほど。ある点の傾きは、t 方向と x 方向とでちがうわけか」

エルヴィン「そのとおりです。それで、x は一定にして t 方向の傾きを計算するのを、

$$\frac{\partial}{\partial t}\psi(t,x)$$

と書いて、逆に、t は一定に保ちつつ x 方向の傾きを計算するのを、

$$\frac{\partial}{\partial x}\psi(t,x)$$

と書くのです。この丸っこい記号が偏微分と呼ばれるものなのです。ちなみに、ラウンドディー・プサイ・ラウンドディー・エックスと読みます」

隊長「ふつうの記号と丸っこい記号が混在することはないのか？」

エルヴィン「ええと、次のような公式があります。

$$d\psi = \frac{\partial \psi}{\partial t}dt + \frac{\partial \psi}{\partial x}dx$$

ふたたび図 1-37 をご覧ください。関数 ψ の一般的な方向への変化は、x が

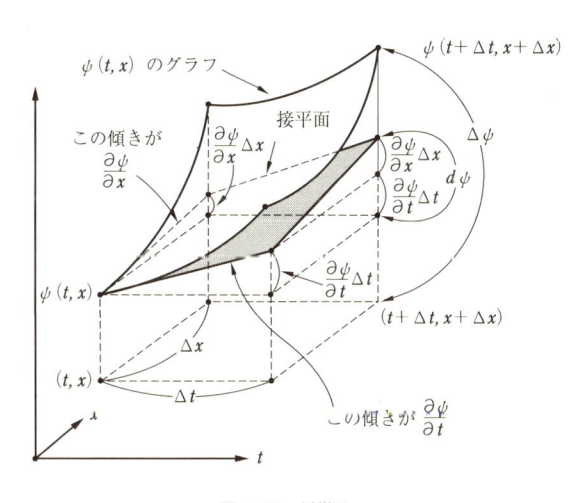

図 1-37　偏微分

一定な方向への傾きに t の変化を掛けたものと、t が一定な方向への傾きに x の変化を掛けたものの和になるのです。これから、

$$\frac{d\psi}{dt} = \frac{\partial \psi}{\partial t}\frac{dt}{dt} + \frac{\partial \psi}{\partial x}\frac{dx}{dt} = \frac{\partial \psi}{\partial t} + \frac{\partial \psi}{\partial x}\frac{dx}{dt}$$

↑   ↑   ↑

ψ の t による変化率 x に依存しない x に依存する

などと計算できるのです」

隊長「なるほど……$d\psi/dt$ と $\partial\psi/\partial t$ は、同じではないのか」

エルヴィン「変数が2つ以上のときは、意味がちがいますね。$\partial\psi/\partial t$ は、x を一定に保ったときの微分なので、t に偏った微分だということができますね」

隊長「t が変化すると ψ も変化する。だが、t が変化すると x も変化する。だから、t が変化したときの ψ の変化は、x の挙動に依存しない部分と x の挙動に影響される部分に分けることができるのか」

エルヴィン「そういうことです」

隊長「ところで、わしは、微分方程式というのを教わったことがないのだがね」

エルヴィン「あ、それは、第2章で解説されることと思いますからご心配なく」

アメリカの大学生と勝負！

　第1章の最後に高校までに習った数学をちょこっと復習しておこう。高校生で、まだ習っていない人は、
「大学でも復習しないといけないんだ」
ということで、これからの授業でがんばってもらいたい。
　ここにあげる例は、実は、アメリカの大学1年生向けの物理学の教科書の冒頭に出ているものを引用している。コーネル大学の教科書。つまり、アメリカの一流大学でも、新入生に「復習」をやってもらわないとい

けないわけ。

　僕は、今の日本の「ゆとりある教育」が国を滅ぼすと考えている。なぜなら、頭脳というものは、若くて柔軟なうちに鍛え上げないといけないからだ。ほら、「鉄は熱いうちに打て」というでしょう。若いうちにいっぱい詰め込んで、大人になるにしたがって、どんどん自由な発想で考えてもらうようにしないと、数十年前のアメリカの科学教育の大失敗の二の舞いを演じることになりかねない(アメリカではゆとり教育を推し進めた結果、気がついたら自然科学の力がガクンと落ちてしまって、当時のソ連に有人宇宙飛行の先を越された苦い経験がある。自由な発想というのは、堅固な基礎があっての話であって、土台がいい加減では話にならないのだ)。

　いずれにせよ、次の例題をやってみてください。全問正解なら、何もいうことはありません。2つ以上まちがったら、いくつか参考書をあげておくから、数学の基本を復習してみてください。

　なに、できないことは恥じゃない。でも、できないまま放っておくことは恥である。

　それでは、ミニテストのはじまり、はじまり〜。

ミニテスト

　以下の回答の誤りを指摘して、正しい答えを書くこと。

1　$(a+b)^2 = a^2 + b^2$

2　$\dfrac{1}{a+b} = \dfrac{1}{a} + \dfrac{1}{b}$

3　10^{-10} の半分は 10^{-5}

4　$\dfrac{A}{B} + \dfrac{X}{Y} = \dfrac{A+X}{B+Y}$

5　4を1/2で割ると答えは2

6　$\sqrt{16ab} = 4ab$

7　10^{-8} の 1/2 は 5^{-8}

8　$\dfrac{10^{-10}}{10^{-5}} = 10^{-15}$

9　$\log AB = \log A \log B$
10　$\sin(A+B) = \sin A + \sin B$

　はい、数学が得意な人以外は、馬鹿にしないで、是非とも鉛筆を握ってやってみてほしい。実際にアメリカの大学の新入生が頻繁にまちがう例なのだから(もっとも、アメリカの教育の凄いところは、高校を出た時点で、このようなまちがいをしている人々を再教育して、大学院を出るとノーベル賞を輩出してしまう点ですね。日本の文部科学省もまじめに教育改革に取り組んでください)。
　あ、答えというかヒントは、巻末に出ております。

第2章 メインディッシュへと進む―挑戦！ シュレディンガー方程式

　この章では、シュレディンガー方程式を実際に解いてみる。数式の変形がたくさん出てくるが、途中は省いていないので、数学好きの人は計算を追ってみてください。あまり数学が好きじゃなくて、てっとり早く結果を知りたい人は、途中の計算は無視して、説明だけを読んでもらっても結構です。

2.1. 量子の門をたたく

量子力学校の校則

　再びこの質問だ。量子力学とはなんぞや？
　もともとこの質問には一言で答えることができない。たとえば、

　　　　　量子力学とはシュレディンガー方程式のことである

という答えは、嘘ではないにしろ、とてもではないが正解にはほど遠い。なぜなら、方程式とは数学という抽象的な話であるのに対し、量子力学は現実の世界をあつかう物理学の話だからだ。数式イコール量子力学、ではない。数式に適当な意味づけをしたものが量子力学なのである。
　意味づけのことを「解釈」と呼ぶ。

　　　　　量子力学＝数式＋解釈

もっとも、解釈というのも大袈裟なので、数式を使うときの「約束」とでもいっておきましょうか。約束がいくつあるのかは、量子力学を教える人によってちがってくるし、いくつかの約束をまとめてしまってもいいので、以下の「約束集」は、竹内流のまとめ方だと思っていただきたい。学校の期末試験の前に要点をまとめるでしょう。アレなのです。ただし、まとめたものを試験中にのぞき見ると、カンニングでつかまるから、ご注意を。

　約束その1　波動関数 $\psi(t,x)$ は系の状態をあらわす(ψ は複素数)

　量子力学の正統派の解釈は、コペンハーゲン解釈と呼ばれている。それは、量子力学の創成期の重鎮のひとりであったニールス・ボーアがデンマークのコペンハーゲンにいて、世界中から量子力学の研究者たちが集まってきたからだ。

　量子力学の初期の段階では、ボーアやハイゼンベルクやボルンらの「コペンハーゲン解釈」と、アインシュタインやドゥブロイやシュレディンガーらの「実在解釈」がしのぎを削っていた。現在では、おおむね、前者、つまりコペンハーゲン解釈が勝った、ということで落ち着いている(ただし、例外としてデビッド・ボームの奇想天外な実在解釈が生き残っている。これについては、第3章でご紹介する)。

　とりあえず、正統派(コペンハーゲン派)の立場では、量子力学の基本的な量は「波動関数」という時間 t と座標 x の関数だ、というのが大前提である。ニュートン力学では、座標 x が $x(t)$ という具合に時間の関数だった。量子力学では、新しい概念として、波動関数なるものが登場するのです。

　約束その2　系の状態を決めるのは、シュレディンガー方程式

$$i\hbar \frac{\partial}{\partial t}\psi = H\psi$$

で、このとき適当な初期条件と境界条件が必要になる(ハミルトニアン H

は問題ごとに異なる)

　量子力学の基本的な方程式は、シュレディンガー方程式と呼ばれている(シュレディンガー方程式ではなく、ハイゼンベルクの提唱した方程式を使う方法もあるが、ゼロから学ぶ本書では、ほとんどあつかわない)。
　前にも書いたが、英語の小文字の h に横棒を刺したもの $\hbar$ が「ディラック定数」と呼ばれていて、量子力学に特有の物理定数になっている。これは、たとえば、ニュートン力学に重力定数 G が出てきたのと同じです。物理学では、たいてい、熱力学にしろ電磁気学にしろ、その分野特有の定数が登場するものなのだ。
　H は、ちょっと説明が難しい。実をいうと、都内の某ホテルで編集担当のO氏と鉄板焼きを食べながら、この H の説明をどうするか、丁々発止、議論を重ねたのである。
「いかに H を説明するか」
隣で焼き肉を頬張っていたOL風の女性たちが、われわれのほうを睨んでいたところを見ると、物理の副読本の相談だとは思われていなかったらしい。
　すみません。副読本にはユーモアが必要だ、というのが持論なもので。
　H は、解析力学という分野で大きな業績を残したハミルトンという人の名前に由来する。ふつうの力学のことを初等力学と呼ぶが、大学で物理学科に進むと、この初等力学ではない力学を勉強する。それが解析力学なるものなのだ。ハミルトニアン H は、この解析力学ではじめて登場する。
　おおまかな説明としては、ハミルトニアンは、運動エネルギー T にポテンシャルエネルギー(位置エネルギー) V を足したものである。

$$H \rightarrow T+V$$

　ここで、等号(=)ではなく、矢印(→)を使っているが、それには、ちゃんとした理由がある。解析力学なら、等号が成り立つのだが、量子力学では、等号は成り立たないからだ。いいかえると、ハミルトニアン H は、量子力学では、「数」ではなくて「演算子」だからである。演算子は、そ

の名のごとく、波動関数 ψ に「演算」してはじめて数になるようなもののこと。そして、演算によって生じた数のことを、その演算子固有の数であることから「固有値」と呼ぶ。

　演算子に関してはこの次の節で、微分方程式を使った具体例をあげます。ここでは、言葉の説明だけでお許しを。

| 約束その3 |　物理量 A は波動関数にはたらきかける演算子であらわされ、その物理量がとることのできる値 a は、

$$A\psi = a\psi$$

という固有値方程式で決まる。

　これも、次の節で微分方程式の具体例を見てもらわないとダメだが、言葉で説明だけしておきましょう。

　量子力学の基本的な量は波動関数 ψ なのだが、その ψ に運動量やエネルギーといった物理量をあらわす演算子 A がかかると、ふつうの数である a に「変身」するのである。比喩的なイメージではあるが、演算子というのは、値が定まっていない幽霊みたいなものであり、それが変身すると、実体である固有値になるのだ。

| 約束その4 |　粒子が点 x と $x+\mathrm{d}x$ のあいだに存在する確率は、

$$|\psi|^2\,\mathrm{d}x$$

で計算できる(ここで、$|\psi|^2 = \psi^*\psi$ である)。

　ここではじめて、粒子の位置と波動関数との関係が出てきた。つまり、波動関数を2乗したものに幅 $\mathrm{d}x$ をかけたものが、なんと、粒子が「そこらへん」にある確率になるのだ。量子力学では、粒子は、幽霊のように居場所が定まらない。だが、東京にいるか、大阪にいるか、ケンタウルス座 α 星にいるか、その確率は計算することができる。

　この存在確率の具体例は、この後の自由粒子のところでやります。

約束その5　物理量 A の期待値（平均値）$\langle A \rangle$ は、

$$\langle A \rangle = \frac{\int_{-\infty}^{\infty} \psi^* A \psi \, dx}{\int_{-\infty}^{\infty} \psi^* \psi \, dx}$$

で計算される。

　ゼロから学びはじめて、そろそろ、後悔してきた読者もいらっしゃることだろう。やはり、こういうのは、具体例をお見せしないと抽象的でチンプンカンプンになってしまう。もうちょっとで具体的な計算例が出てきます。いましばらくのご辛抱を。

> 世界は波動関数によって記述され、物理量は、その波動関数にかかる演算子によってあらわされます。波動関数は、なぜか実数ではなく、複素数になっています。
> しかも、波動関数の波動は、電磁波のような実在する波ではなく、確率の波というとらえどころのないものなのです。
> なぜと問うても誰も答えられません。
> なぜか世界はそうなっているらしいのです。
> 不思議なものですね。

シュレ猫談義

隊長「エルヴィンや、いきなり約束されても、なんのことやらさっぱりわからんよ」

エルヴィン「順に解説してゆきましょうぞ」

隊長「頼む」

エルヴィン　約束その1 に出てくる波動関数からいきましょう。量子力学の基礎にあるのが波動関数です。たとえば、電子の状態とか水素原子の状態な

どは、それぞれの波動関数であらわされるのです。いいかえれば、電子とか水素原子の運動量とかエネルギーといった情報はすべて、波動関数に含まれているといえます」

隊長「まだ、よくわからんが、そのうちにわかるんじゃろね」

エルヴィン「具体例が出てきますから」

隊長「ふむ、続けてくれ」

エルヴィン「 約束その2 が、かの有名なシュレディンガー方程式です。量子力学の基礎方程式です」

隊長「ハミルトニアンとは？」

エルヴィン「エネルギーを求めるための演算子ですね。やはり、具体例を出しますが、ここでは、運動エネルギーとポテンシャルエネルギーの和、つまり全エネルギーと考えてください」

隊長「しつこいようじゃが、H は、関数なのか？」

エルヴィン「ハミルトニアン H は、関数というよりも、波動関数に演算する演算子なのです」

隊長「ふむ、あとで具体例を見ないと埒があかんようじゃ。続けてくれ」

エルヴィン「 約束その3 は、演算子が波動関数にはたらきかけて、その結果、ふつうの数字である固有値と呼ばれるものになる、という一般的な形を示したものです。たとえば、

$$H\psi_n = E_n \psi_n$$

という具合に、物理量であるハミルトニアンが波動関数にかかると、その結果、エネルギーが判明します。ですから、波動関数には物理情報がひそんでいて、演算子がかかることによって、それぞれの情報が取り出されるのです」

隊長「E はエネルギーなのか？」

エルヴィン「そうです」

隊長「添え字の n は？」

エルヴィン「固有値というのは、一般的に、1つとは限らないのです。エネルギーの場合、低いエネルギーから高いエネルギーまで、さまざまな可能性があります。だから、n という添え字で区別するのです」

隊長「次へ行ってくれ」

エルヴィン「 約束その4 ですが、波動関数の意味をあらわしています。波動関数そのものは、物理的な実体ではなく、2乗すると確率になるものなのです」

隊長「うーむ、これは、電磁場のようなものなのか？」

エルヴィン「波である電磁場は、ある意味で物理的な実体と考えられますが、波動関数は、もっと抽象的なもので、物理的な実体をあらわすのではなく、確率的な量なのです」

隊長「わからんな」

エルヴィン「そりゃ、そうでしょう。かのアインシュタインやシュレディンガー自身も、波動関数が実体的なものだと信じて疑わなかったくらいです。波動関数を2乗したものが粒子の存在確率をあらわすのだ、という解釈は、『確率解釈』と呼ばれていて、不確定性原理のハイゼンベルクのお師匠さんだったマックス・ボルンが提唱したのですが、なかなか認められず、ボルンがノーベル賞を受賞したのは、弟子のハイゼンベルクに遅れること22年、引退後の1954年でした。そして、この「確率解釈」がさっき言った「コペンハーゲン解釈」なのです」

隊長「 約束その5 では、期待値……平均値のことかな……これも確率解釈と関係するのか？」

エルヴィン「そうです。おいおい具体例をお見せしますので」

隊長「あいわかった」

微分方程式なんて、ぶっとばせ

シュレディンガー方程式に関連するので、微分を、もうちょっと詳しく考えてみよう。単に微分するのではなく、たとえば、

$$\frac{d}{dx}\psi(x) = 0$$

というような微分の入った方程式を考えてみよう。当たり前の話だが、こういうのを「微分方程式」と呼ぶ。

この本では、微分方程式の一般論はやらないが、固有値という概念を身近なものとして理解してもらうために、いくつか例をあげてみます。

　微分したらゼロになるような関数 $\psi(x)$ は、どんな形をしているだろう？

　これは、ちょっと考えればわかるように、定数にちがいない。なぜなら、定数を微分するとゼロになるからである。それは、定数というのは、x の値にかかわらず傾き(微分)がゼロだからである。前にした説明を思い出していただきたい。微分とは、無限小顕微鏡で拡大することであった。たとえば、$y=\psi(x)=3$ という関数は、どこを拡大しても、傾きはゼロなので、微分するとゼロということになる。

　もっとも、この方程式、これだけでは、

$$\psi(x)=定数$$

ということしかわからない。定数が具体的にどんな値なのかはわからない。なぜ、わからないかといえば、「境界条件」が課されていないからだ。時間の場合なら、「初期条件」といってもいい。

　そこで、

$$\psi(0)=3$$

という境界条件を与えてみよう。x がゼロのときに関数の値が 3 だというのである。この条件が与えられると、すぐに、

$$\psi(x)=3$$

となって、x の他の値でも、常に関数は 3 になることがわかる。

　もう 1 つやってみよう。

$$\frac{d}{dx}\psi(x)=1$$

今度もすぐに答えが思いつくでしょう。x を微分すると 1 になるのだから。だが、定数を微分するとゼロになるので、答えは、

$$\psi(x) = x + 定数$$

となる。ここで、たとえば、境界条件が、

$$\psi(0) = 5$$

であれば、最終的な答えが、

$$\psi(x) = x + 5$$

になるのです。

　ここに出てきた2つの例では、境界条件は1つで済んだ。なぜなら、もともとの微分方程式が1階の微分方程式だったからだ。1階というのは、d/dx が一度だけ、という意味。2階なら、d^2/dx^2 が出てくる。2階の微分方程式の場合だと、境界条件は2つ必要になる。シュレディンガー方程式は、空間に関しては2階、時間に関しては1階の微分方程式なので、解くためには、境界条件が2つと初期条件が1つ必要になる。ただし、状態が時間的に変化しない場合は、境界条件だけを考慮すればいいことになる。

　さて、シュレディンガー方程式の解き方の実例は、これから徐々にご紹介することにして、ここでは、「固有値」について考えてみよう。

　最初にやった例は、

$$\frac{d}{dx}\psi(x) = 0$$

であるが、これは、書き直すと、

$$\frac{d}{dx} \times \psi(x) = 0 \times \psi(x)$$

ということである。つまり、関数 ψ に微分演算子をかけると、ふつうの数のゼロになる、というのである。微分演算子は、単独では意味をもたない。ψ のような関数に「演算」して、はじめて意味が生じる。そして、演算した結果、ふつうの数に「変身」するのである。もちろん、ゼロに変身するとは限らない。一般に、

$$\frac{\mathrm{d}}{\mathrm{d}x}\psi(x) = c\,\psi(x)$$

というような形の方程式を「固有値方程式」と呼んで、c のことを「固有値」という。固有値は、ふつうの数である。あとで、シュレディンガー方程式の具体例をみることになるが、そこでは、c はエネルギーになっているので、「エネルギー固有値」という言葉が出てくる。

　線形代数を勉強したことのある人は、行列の固有値を思い浮かべることだろう。実際、量子力学には、シュレディンガー流で微分方程式を解く方法のほかに、ハイゼンベルクがはじめた行列力学の方法というのがある。この2つの流儀は、実は、同じであることがわかっている。この本では、本格的な行列力学はあつかわないが、興味のある読者のために、最後にちょっと触れます。

量子化とはなんぞや

　量子力学がふつうの力学とちがうのは、たとえば、粒子が動いているような場合でも、その粒子そのものをあつかうのではなく、その属性を間接的に扱う点にある。たとえば、粒子のエネルギー E とか運動量 p にしても、あらかじめ決まった数値をもつわけではない。そのかわりに、ハミルトニアン演算子 H とか運動量演算子 p という抽象的な「演算子」が波動関数 ψ にはたらきかけて、いくつかの固有値の候補が決まるのである。そして、いくつかの固有値の候補のうちのどれが現実のものとなるかは、観測してみないとわからない。観測の結果は、確率的にしか決まらない。

　雲をつかむような話で申し訳ありません。だが、ふつうの感覚とあまりにちがう話が展開されるため、量子力学は、どうしても、慣れるまでは奇妙な感じがつきまとうものなのだ。いくつか例題を解いていくうちに、そういった違和感は、徐々に薄らいでいくにちがいない。もう少し、ご辛抱願いたい。

　さて、ここで、「量子化」の処方箋を伝授しておこう。ニュートンの力学の概念はふつうの数であらわされるのに対して、量子力学では、エネルギー、運動量、位置といった物理量をそれに対応する「演算子」に置き換

えるのである。この置き換えのことを量子化と呼ぶ。これは、暗記しなくてはいけないことなので、しっかりと頭に叩き込んでほしい。エネルギーとか運動量などが演算子になるといったが、いったい、どんな形の演算子になるというのだ？

まず、答えから書いてしまって、それから、後づけの説明をします。

量子化

古典力学　　量子力学

$$p \implies -i\hbar\frac{\partial}{\partial x}$$

$$E \implies i\hbar\frac{\partial}{\partial t}$$

これが「量子化」の最初の例である。

さて、なんだか狐につままれたような気がするかもしれないが、こう置き換えてやると、うまくいくことを説明しよう。

シュレディンガー方程式に登場する波動関数 ψ は、波なのであるが、あくまでも粒子をあらわしている。波の特性といえば、振動数 ω と波数 k だ。ω は単位時間に何回振動するか、ということであり、k は単位距離にいくつの波があるか、という意味をもっている。だが、粒子は、波とはちがって、エネルギー E とか運動量 p といった特性をもっている。ルイ・ドゥブロイは、この、一見、まったく関係がない特性どうしのあいだに、次のような関係があることを示した。

ドゥブロイの関係式

$$E = \hbar\omega$$
$$p = \hbar k$$
$$\uparrow \quad \uparrow$$
粒子　波動

これは、電子のような物質が波の性質をもっているという意味で「物質

波」の仮説と呼ばれた。

さて、波動関数は波なので、サインやコサインといった三角関数であらわすことができる。第1章で三角関数と指数関数 e^x がオイラーの公式で結びつけられるのを見たが、このことから、物理や工学では、複素数を使って、

$$\psi = Ae^{i(kx-\omega t)}$$

などとあらわすのがふつうだ。

この波動関数に、

$$i\hbar \frac{\partial}{\partial t}$$

を演算してみようではないか。すると、

$$\begin{aligned} i\hbar \frac{\partial}{\partial t}\psi &= Ai\hbar \frac{\partial}{\partial t} e^{i(kx-\omega t)} \\ &= Ai\hbar(-i\omega) e^{i(kx-\omega t)} \quad \left(\frac{\partial}{\partial t} e^{at} = ae^{at} \text{という公式}\right) \\ &= \hbar\omega\psi \\ &= E\psi \end{aligned}$$

となって、ちゃんとつじつまが合う。運動量についても同様に確かめることができる。

シュレ猫談義

竹内薫「量子化というのは、実は、x とか p という物理量が、

$$px - xp = -i\hbar$$

という具合に交換しなくなることを意味する。つまり、単なる数から演算子へと変身するのが量子力学の本質なんだ。そして、px−xp を [p, x] と書く」
亜希子「なにそれ」
竹内薫「……」
エルヴィン「ご主人、亜希子さんの疑問は、おそらく、第1に、px と xp が

同じではないか？　という点にあり、第2に、量子化の処方箋をつかってもその交換関係というものが確かめられないという点にあるのではないかと……吾輩の推測にすぎませんが」

亜希子「わぁ、さすがエルヴィン、かゆいところに手が届くわね」

竹内薫「エルヴィン、また、おまえ、やれ」

エルヴィン「（小さな声で）やれやれ」

亜希子「まず、第1の点からお願いね」

エルヴィン「コホン、えー、ニュートンの力学の例として、座標 x が 3 m の地点を重さが 1 kg で速さが 4 m 毎秒の粒子が通過したとします。その場合、運動量 p は、m に v をかけたものなので、4kg・m/s ですね」

亜希子「うん、わかるわ」

エルヴィン「px は、いくつになります？」

亜希子「3 m に 4 kg・m/s をかけるから、12 kg・m²/s」

エルヴィン「じゃあ、xp は？」

亜希子「12 kg・m²/s」

エルヴィン「じゃあ、px から xp を引くと？」

亜希子「ゼロ」

エルヴィン「そうです。ニュートンの力学では、p も x もふつうの数なので、そうなります。ところが、量子力学では、p も x もふつうの数ではなくなるので、必ずしも、px と xp が一致しないのです」

亜希子「つまり、かける順番がちがうと値が変わってくるの？」

エルヴィン「p も x も演算子ですから、何かに演算しないと値は決まらないのですよ。といっても、亜希子さんだって、すでにご存じの例があります」

亜希子「というと？」

エルヴィン「関数 $f(g(x))$ を考えてください。なんでもいいですけど、具体例として、$f(x)=3x$ に $g(x)=\sqrt{x}$ とか？」

亜希子「あ、合成関数の話ね？」

エルヴィン「そっです」

亜希子「待ってちょうだい……ええと…… $f(g(x))=f(\sqrt{x})=3\sqrt{x}$ だけれど、$g(f(x))=g(3x)=\sqrt{3x}$ だから、たしかに交換しないわ！」

エルヴィン「そうですね。数学者だったら、f(g(x))ではなくて、fg と書くかもしれませんね。fg−gf≠0 ということです」

亜希子「なるほど」

エルヴィン「関数ではなくて行列でも交換しないのがふつうです。たとえば、

$$\begin{pmatrix} 1 & 2 \\ 3 & 4 \end{pmatrix} \begin{pmatrix} 5 & 6 \\ 7 & 8 \end{pmatrix} = \begin{pmatrix} 1 \times 5 + 2 \times 7 & 1 \times 6 + 2 \times 8 \\ 3 \times 5 + 4 \times 7 & 3 \times 6 + 4 \times 8 \end{pmatrix}$$

$$= \begin{pmatrix} 19 & 22 \\ 43 & 50 \end{pmatrix}$$

という行列のかけ算の順番を逆さにすると、

$$\begin{pmatrix} 5 & 6 \\ 7 & 8 \end{pmatrix} \begin{pmatrix} 1 & 2 \\ 3 & 4 \end{pmatrix} = \begin{pmatrix} 23 & 34 \\ 31 & 46 \end{pmatrix}$$

となって、答えは一致しません」

亜希子「関数も行列も演算子なの？」

エルヴィン「そうですよ。関数 f( ) が演算子ですね。この演算子が x に作用すると f(x) という数になるのですが、作用しないと、数ではありません」

亜希子「じゃあ、量子力学の p や x は？」

エルヴィン「最初に出てきた量子化の規則を使うと、

$$p \Rightarrow -i\hbar \frac{\partial}{\partial x}$$

ですが、このままでは演算子なので、波動関数に演算しないと数にはなりません。だから、こんなふうに計算するのです。

　　　　　演算する
$$[p, x]\, \psi(x) = px\, \psi(x) - xp\, \psi(x)$$
$$= -i\hbar \frac{\partial}{\partial x} x\, \psi(x) - x\left(-i\hbar \frac{\partial}{\partial x}\right) \psi(x)$$

　　　　　└ 偏微分は x と ψ の両方に作用するので……

$$= -i\hbar\psi(x) \underbrace{-i\hbar x\frac{\partial}{\partial x}\psi(x)}_{\text{コレと}} \underbrace{+i\hbar x\frac{\partial}{\partial x}\psi(x)}_{\text{コレになる}}$$
$$= -i\hbar\psi(x)$$

どうです？」

亜希子「ナールホド」

エルヴィン「量子力学の本質は、演算子どうしの交換関係なのです。量子力学とふつう力学のちがいの1つは、交換関係がゼロにならない場合があることで、どれくらいゼロにならないかを示すのがディラックの $\hbar$ なのです」

亜希子「交換関係の右辺は $i\hbar$ でないこともあるのかしら」

エルヴィン「そりゃあ、ありますよ。たとえば、x と y は交換するから、右辺はゼロです。

$$[x, y] = 0$$

角運動量の成分どうしは、

$$[L_x, L_y] = i\hbar L_z$$

などという交換関係を満たします（フッと消える）」

竹内薫「あらわれたり消えたり、忙しい奴だ」

ハミルトニアンの具体的な形

シュレディンガー方程式の形は、こんなふうだった。

$$i\hbar\frac{\partial}{\partial t}\psi = H\psi$$

H はハミルトニアンという演算子だが、ここでは、ようするに全エネルギーを意味するものと思っていただきたい。量子力学的な粒子が1つある場合、その運動エネルギーとポテンシャルエネルギー（位置エネルギー）を足したものが全エネルギーとなる。

何度もいうが、H は演算子であって、それが波動関数 ψ に演算した結

果、固有値(ふつうの数)の E になる。ハミルトニアン H の具体的な形は、運動エネルギーとポテンシャルエネルギーの和であり、たとえば、地球上の物体のエネルギーが

$$E = \underbrace{\frac{1}{2}mv^2 + mgh}_{\text{運動エネルギー＋位置エネルギー}}$$

とあらわされたように

$$E = \frac{p^2}{2m} + V(x)$$

という形をそのまま演算子にするだけでいい($p=mv$)。

$$H = \frac{1}{2m}\left(-i\hbar\frac{\partial}{\partial x}\right)^2 + V(x)$$

$$= -\frac{\hbar^2}{2m}\frac{\partial^2}{\partial x^2} + V(x)$$

となります。これは試験のときには必須なので、覚えておいたほうがいいかもしれない。

ハミルトニアン

$$H = -\frac{\hbar^2}{2m}\frac{\partial^2}{\partial x^2} + V(x)$$

　以上をまとめてみよう。H の具体的な形がわかったので、シュレディンガー方程式の具体的な形は、

$$i\hbar\frac{\partial}{\partial t}\psi = \left(-\frac{\hbar^2}{2m}\frac{\partial^2}{\partial x^2} + V(x)\right)\psi$$

となります。ポテンシャルエネルギーの部分である $V(x)$ が入っているので、ψ の形も単純な三角関数にはならない。

　もっとも、具体的とはいっても、まだ、ポテンシャルエネルギー $V(x)$ の形を指定していないので、中途半端ではある。次の節で「調和振動子」と「水素原子」の実例をご紹介するときに、$V(x)$ の具体的な形が登場する。

図解　シュレディンガー方程式

　さて、みなさんに、シュレディンガー方程式を身近にある部品を使って日曜大工みたいにつくった「形」をお目にかけよう(図は、「The Infamous Boundary」より)。

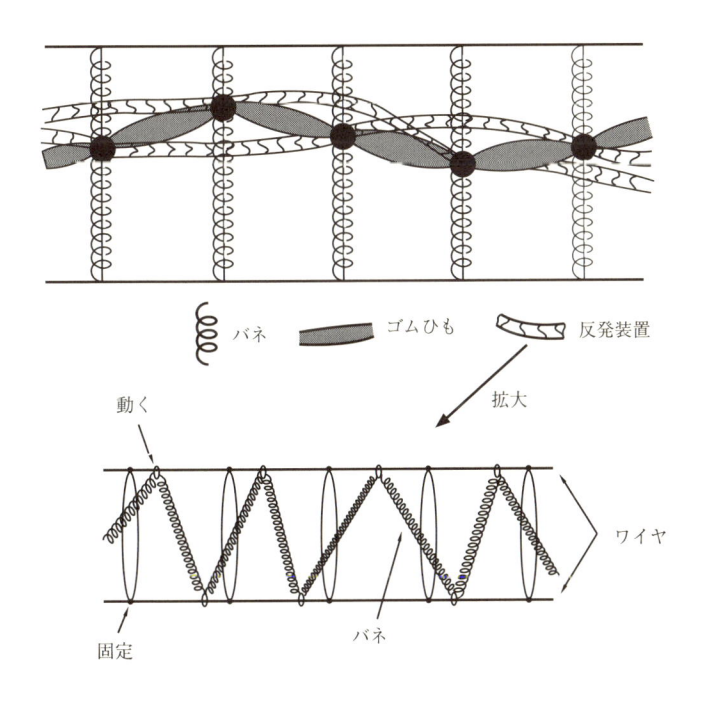

図 2-1　シュレディンガー方程式の形

　いきなりだが、シュレディンガー方程式は、こんな形をしている。
　なんじゃ、これは？
　垂直に何本もバネが並んでいて、そこに玉がくっついている。そして、隣の玉どうしをゴムひもがつないでいる。さらには、1つおきに、玉を「反発装置」でつないでいる。
　これは、いくつもの粒子をあらわしているのではない。たった1つの粒子がポテンシャル $V(x)$ の中にあるときの波動関数 ψ をあらわしてい

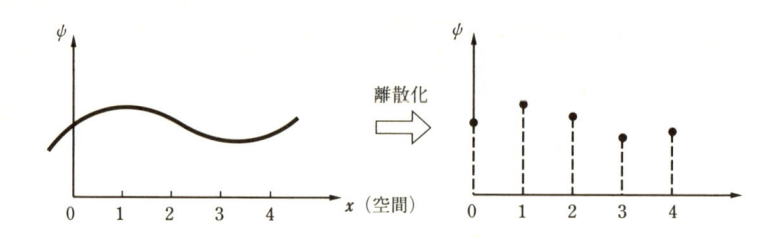

図 2-2　離散化

る。そして左右が空間軸（x 軸）である。本来、空間は連続的なはずだが、模型をつくる便宜上、空間を離散的（とびとび）な「格子」で近似しているのだ。格子というのも変な言葉だが、数直線を、とびとびの点で近似しているのだと思ってほしい。

　そして、玉の上下の位置が、その点における波動関数の値をあらわしている。

　ちょっと理解しにくいですか？

　いいかえると、模型の図の左が x のマイナス方向で、右がプラス方向で、玉の動く上下方向が ψ の値なのだ。たとえば、$x=3$ における波動関数の値 $\psi(3)$ は、$x=3$ の真上にある玉の位置で指定される。

　どうでしょう？　ちょっと考えてみてください。

　垂直なバネの強さはポテンシャル $V(x)$ によって決まる。ゴムひもは引力をあらわし、反発装置は斥力をあらわす。

　とにかく、コレがシュレディンガー方程式の形なのだ。いいかえると、物理学者が１つの量子を思い浮かべるとき、こんなイメージで考えているわけです。

　この模型、もちろん、実際に組み立てることが可能だ。

シュレ猫問答

上野シン（薫の教え子）「ハミルトニアンって、はじめて聞いたよ」

エルヴィン「大学で物理学科に進むと教わるのが解析力学なんだけど、そのとき、ハミルトニアン方式というのに出会うのさ」

上野シン「？？？」

エルヴィン「ハミルトニアンは、おおまかにいって、運動エネルギー T とポテンシャルエネルギー V を足したもの」

上野シン「わからないよ」

エルヴィン「解析力学については巻末の参考書を見てもらうしかないけど、実例だけ見てみる？」

上野シン「そうだね。このままでは、なんだか気持ち悪いや」

エルヴィン「じゃあ、天下り的で申し訳ないけど、ハミルトン方程式の形を書いてみるね」

ハミルトン方程式

$$\frac{\partial H}{\partial p} = \dot{q}$$

$$\frac{\partial H}{\partial q} = -\dot{p}$$

エルヴィン「ここで q は x とか y とかの座標、p は運動量をあらわしています。それで、頭の上に乗っている・(ドット)は時間による微分をあらわします。つまり $\dot{q}=dq/dt$ です」

上野シン「うーむ」

エルヴィン「バネの運動を例に方程式を書いてみる」

エルヴィン「ハミルトニアンは、

$$H = \frac{p^2}{2m} + \frac{1}{2}kx^2$$

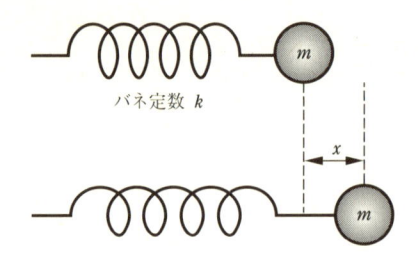

運動エネルギー
$$T = \frac{1}{2}mv^2 = \frac{p^2}{2m}$$
ポテンシャルエネルギー
$$V = \frac{1}{2}kx^2$$
ハミルトニアン
$$H = T + V = \frac{p^2}{2m} + \frac{1}{2}kx^2$$

図2-3　バネの運動

だから、方程式は、

$$\frac{\partial}{\partial p}\left(\frac{p^2}{2m} + \frac{1}{2}kx^2\right) = \dot{x}$$

$$\frac{\partial}{\partial x}\left(\frac{p^2}{2m} + \frac{1}{2}kx^2\right) = -\dot{p}$$

となって、つまりは、

$$\frac{p}{m} = \dot{x}$$

$$kx = -\dot{p}$$

となる」

上野シン「なにコレ。最初の式は、単に運動量を m で割ると速度になるというだけじゃないか。その最初の式を2番目に代入すると、ニュートンの運動方程式 $m\ddot{x} = -kx$ と同じだよ」

エルヴィン「そうです。同じことをやっているのだから」

上野シン「なんだか、無駄なような気がするなぁ」

エルヴィン「こういう形式をきちっとやっておくと、量子力学の高度な勉強には役立つのです。この本は、ゼロから学んでいるから、あまり、高度な話が出てこないので説得力に欠けるんだけど……（いきなり消える）」

上野シン「あ、都合が悪くなったから、消えやがった」

2.2. シュレディンガー方程式を「解く」

まずは用意

さて、いよいよ、具体的にシュレディンガー方程式を解く段になった。ここでやるのは、「定常状態」のシュレディンガー方程式である。定常というのは、ポテンシャルが時間によらない場合のことです。定常状態では、波動関数が実数になることが多い。さて、このときシュレディンガー方程式の $V(x, t)$ を $V(x)$ とした

$$i\hbar \frac{\partial}{\partial t} \psi = \left(-\frac{\hbar^2}{2m} \frac{\partial^2}{\partial x^2} + V(x) \right) \psi$$

において、波動関数を時間に依存する部分と空間に依存する部分に分けてみる。

$$\psi(t, x) = \underset{\text{空間に依存する部分}}{\underset{|}{e^{-i\frac{E}{\hbar}t}}} \overset{\text{時間に依存する部分}}{\overset{|}{\psi(x)}}$$

時間に依存する部分は、なんだか、技巧的な感じがするかもしれないが、これは、ようするに、

$$e^{-i\omega t}$$

ということなのであり、第 1 章の複素数のところを思い出していただくと、

$$e^{-i\omega t} = \cos \omega t - i \sin \omega t$$

なのだから、時間部分は一般的な波をあらわすのだと考えておいてください。

さて、時間部分と空間部分に分けた形を方程式に代入すると、左辺は、

$$i\hbar \frac{\partial}{\partial t} \psi(t, x) = i\hbar \frac{\partial}{\partial t} e^{-i\frac{E}{\hbar}t} \psi(x) \quad \left(\frac{\partial}{\partial t} e^{at} = a e^{at} \text{という公式} \right)$$

$$= i\hbar \left(-i\frac{E}{\hbar}\right) e^{-i\frac{E}{\hbar}t} \psi(x)$$

$$= E e^{-i\frac{E}{\hbar}t} \psi(x)$$

であるから、

$$\frac{\mathrm{d}^2 \psi(x)}{\mathrm{d}x^2} + \frac{2m}{\hbar^2}(E-V)\psi(x) = 0$$

となる。これが、定常状態のシュレディンガー方程式である。試験のときは、この形から出発することが多いので、覚えておくべし。

　定常状態は英語では stationary state。電車の停車場は station。エネルギーが特定の値に「停車」している状態だと思ってください。

ついに本題

　長らくお待たせいたしました。延々と準備をしてまいりましたが、いよいよ、具体的な問題に突入！

1　自由粒子

　まずは、一番カンタンな自由粒子から。「自由」とは、外力の影響を受けないという意味で、ようするにポテンシャル $V(x)$ がゼロの場合だ。シュレディンガー方程式は、

$$\frac{\mathrm{d}^2 \psi}{\mathrm{d}x^2} + \frac{2m}{\hbar^2} E\psi = 0$$

となる。これは2階の微分方程式であるが、微分方程式については71ページを思い出してほしい。

　さて、大きさが L の1次元の「箱」を考える。箱といっても、空間は x 軸しかないので、おかしな言葉遣いではあるが。ようするに、$x=0$ と $x=L$ のあいだの「数直線」上を粒子が動くということ。いいかえると、$x=0$ と $x=L$ に無限に高い壁があって、$x<0$ の領域へも $x>L$ の領域へも行けないで閉じこめられている、ということ。

　解き方であるが、まずは、次のような形の解を試してみる。

$$\psi = C \sin \frac{\sqrt{2mE}}{\hbar} x + D \cos \frac{\sqrt{2mE}}{\hbar} x$$

このような解を試すのは、さっきの方程式の形が「2回微分すると元の関数に戻る」ことを意味しているからである。2回微分して元の形になるのは三角関数にほかならない。三角関数の中身の $\sqrt{2mE}\,x/\hbar$ は、2回微分したときに、うまく $2mE/\hbar^2$ ができるようにするためだ。なお、

$(\sin x)'' = (\cos x)' = -\sin x$

$(\cos x)'' = (-\sin x)' = -\cos x$。

さて、$x=0$ で $\psi=0$ という境界条件から、$D=0$ であることがわかる。境界条件は、境界で波動関数がどうなるか、という条件のことだ。($\sin 0 = 0$ と $\cos 0 = 1$ に注意。忘れた人は、直角三角形を描いて、図のようにサインとコサインの頭文字を書いてみること)。

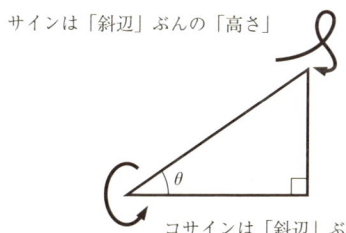

サインは「斜辺」ぶんの「高さ」

$\theta = 0$ なら「高さ」はゼロなので
$\sin 0 = 0$ であるし、
「斜辺」=「底辺」なので $\cos 0 = 1$

コサインは「斜辺」ぶんの「底辺」

図 2-4　サインコサイン

だから、

$$\psi = C \sin \frac{\sqrt{2mE}}{\hbar} x$$

という形に絞られる。もう1つの境界条件は、$x=L$ で $\psi=0$ なので、

$$0 = C \sin \frac{\sqrt{2mE}}{\hbar} L$$

だが、サインがゼロになるのは、$\sin(n\pi)$ という具合に、三角関数の中身、つまり引数(ひきすう)が π の倍数のときだけなので、

$$\frac{\sqrt{2mE}}{\hbar} L = n\pi$$

でなくてはならない。n は 1、2、3、……という正の整数。これをエネルギー E について解いて、

$$E_n = \frac{n^2 \pi^2 \hbar^2}{2mL^2}$$

が許されるエネルギーになる。エネルギーは n に応じた値をとるので、添え字の n をつけました。

n 以外は決まった定数なので、これは、ようするに、エネルギーが最低の E_1 からはじまって、その 4 倍、9 倍、16 倍、25 倍、……ととびとびに上がっていくことを示している (図 2-5)。この「とびとび」の状態を指して、エネルギーが「量子化されている」などという ($n=0$ は $\psi=0$ の場合で何もなく、意味のない状態なので除外してある)。

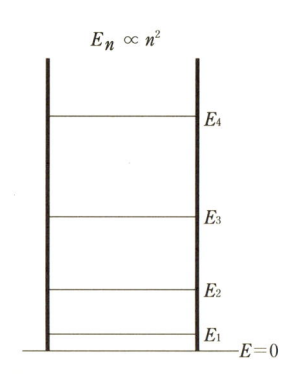

図 2-5　自由粒子のエネルギー

なんでこうなったのか？

それを見るために、エネルギー E を、

$$\psi = C \sin \frac{\sqrt{2mE}}{\hbar} x$$

に代入してやると、

$$\psi_n = C \sin \frac{n\pi x}{L}$$

であることがわかる。係数の C は $\int_{-\infty}^{\infty} |\psi_n|^2 dx = 1$ となるように決められて (確率の和 (積分) は必ず 1 だから)、

$$\psi_n = \sqrt{\frac{2}{L}} \sin\left(\frac{n\pi x}{L}\right)$$

が最終的な波動関数となる。

　このグラフを見ると、エネルギーがとびとびになった理由もわかる。つまり、これはヴァイオリンの弦の振動のようなものなのだ。弦の端っこは固定されているので、特定の振動数しかとることができない。n が山と谷の数をあらわしている。端が自由に動くことができるのであれば、中途半端な山と谷の数も許されるので、エネルギーも連続的な値をとることができるが、固定されていると、とびとびにならざるをえない。

　ふつうの粒子なら、徐々に速度を上げてゆけば、連続的なエネルギーをとることが可能だが、量子力学においては、粒子も波動であるがゆえに、エネルギーはとびとびになってしまう。ヴァ

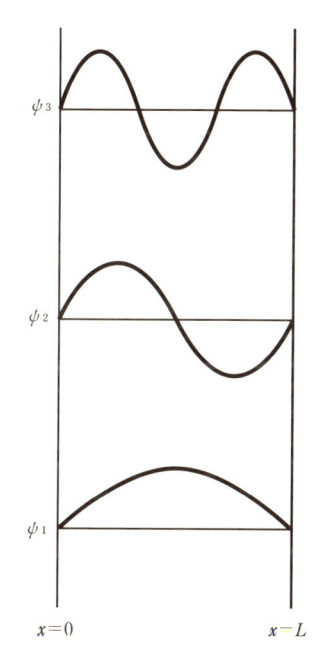

図 2-6　自由粒子の波動関数

ィオリンの弦の振動は、（指で押さえないかぎり）基本的な振動数、倍音、3倍音、……となるのだが、あれと同じ原理です。

　そうやって考えると、さほど不思議ではない。

　すべては波動というわけだが、別に、世間に出回っている怪しげな波動商法とは縁もゆかりもないので、ご注意を。

　ここで、E_n のことを「固有値」、ψ_n のことを「固有関数」と呼ぶ。定常状態を論じているうちにごちゃごちゃになってしまったが、時間に依存する波動関数に戻って考えてみれば、今、やったことは 約束その3 の、

$$A\psi = a\psi$$

にあたる。つまり、ここで問題にしている物理量 A はハミルトニアン H なのであり、その固有値が E_n だったのだ。つまり

$$H\psi_n = E_n\psi_n$$

である。

　固有値問題というのは、演算子を関数にはたらきかけた場合、特定の関数の場合には、はたらきかけの結果がふつうの数になること。固有の関数の場合、固有の実数値になる。だから、固有関数とか固有値というわけ。問題を解きはじめるときは、それが具体的に何なのかはわからないが、解き終わると、固有関数と固有値が判明するのである。

|例題|

　量子力学的な粒子が第3励起状態にあるとき、粒子が $L/12$ から $3L/12$ のあいだの領域にある確率を求めよ。

|解答|

　約束その4を使う。もう一度書いておきます。

|約束その4|　粒子が点 x と $x+\mathrm{d}x$ のあいだに存在する確率は、

$$|\psi|^2 \mathrm{d}x$$

で計算できる（$|\psi|^2 = \psi^*\psi$ である）。

　第3励起状態などという難しい言葉を故意（わざ）と使ってみた。ごめんなさい。日本の学術用語は、とかく虚仮威（こけおど）しのようなものが多くていけません。欧米の人は、ふつうの言葉で学問をやっているというのに……ぶつぶつ。

　エネルギーが3番目に高い状態なのだから、$n=3$ として

$$\psi_3 = \sqrt{\frac{2}{L}} \sin\left(\frac{3\pi x}{L}\right)$$

である。だから、確率を $L/12$ から $3L/12$ まで集めて(積分して)、

$$\int_{L/12}^{3L/12} |\psi_3|^2 dx = \frac{2}{L} \int_{L/12}^{3L/12} \sin^2\left(\frac{3\pi x}{L}\right) dx$$

$$= \frac{2}{L} \int_{L/12}^{3L/12} \frac{1 - \cos\left(\frac{6\pi x}{L}\right)}{2} dx$$

$$= \frac{1}{L} \left[x - \frac{L}{6\pi} \sin\frac{6\pi x}{L} \right]_{L/12}^{3L/12}$$

$$= \frac{1}{6} + \frac{1}{3\pi}$$

これは、だいたい 0.27 である。つまり 27%。古典的な粒子ならば、箱の 1/6 の領域にある確率は、まさに 1/6 である。

ところが、量子力学的な粒子の存在確率は「波」であらわされるので、$1/3\pi$ 分だけ存在確率が大きくなる。なぜなら、この領域に波の「山」がきているからだ。図 2-7 をご覧いただきたい。

時間に余裕のある読者は、$3L/12$ から $5L/12$ までの存在確率を求めてみてほしい。谷の部分なので、古典的な値よりも小さくなるはずである。

|例題|

この箱の中の粒子の平均位置 $\langle x \rangle$ を求めよ。

|解答|

波動であるので、粒子として「ど

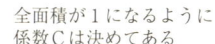

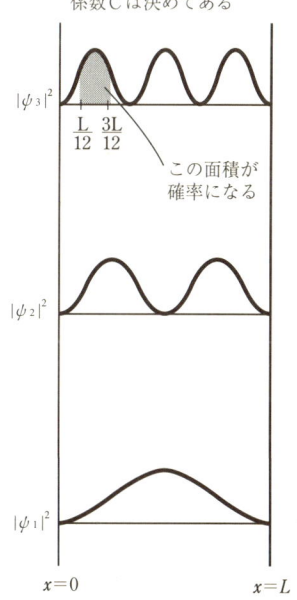

図 2-7　存在確率

こ」に存在しているか、はわからないのだが、「平均的に」どこにいるかはわかる。今度は「約束その5」を使う。

| 約束その5 |　物理量 A の期待値(平均値) $\langle A \rangle$ は、

$$\langle A \rangle = \frac{\int_{-\infty}^{\infty} \psi^* A \psi \, dx}{\int_{-\infty}^{\infty} \psi^* \psi \, dx}$$

で計算される。

　分母が1になるように C を決めてあるので(これを規格化という)、分子だけ計算すればいい。なお、位置の演算子はそのまま x である。よって

$$\langle x \rangle = \frac{2}{L} \int_0^L x \sin^2\left(\frac{n\pi x}{L}\right) dx$$

前のように、嫌な2乗を消すために、

$$\sin^2 x = \frac{1-\cos 2x}{2}$$

という公式を使うと、

$$\langle x \rangle = \frac{2}{L} \int_0^L x \frac{1-\cos\left(\frac{2n\pi x}{L}\right)}{2} dx$$

となる。x だけの部分はすぐに積分できますね。x とコサインのかけ算はどうするか。
　実は、この積分は、次のような部分積分の公式を使う。この公式は覚えておかないと試験でアウトになりますぞ。

| 部分積分の公式 |

$$\int_a^b f g' \, dx = fg\Big|_a^b - \int_a^b f' g \, dx$$

　この公式は、ようするに、fg' は積分が難しいが、$f'g$ は簡単に積分できる場合に使う。今の場合、$f=x$、$f'=1$ で、

$$g = -\frac{2n\pi}{L}\sin\left(\frac{2n\pi x}{L}\right)$$

$$g' = \cos\left(\frac{2n\pi x}{L}\right)$$

なので、少しごちゃごちゃと計算すると、

$$\langle x \rangle = \frac{L}{2}$$

という答えになります。途中の計算は、ただ、やるだけなので書きません。時間がある人はチェックしてみてください。時間のない人は、答えを信じてください。

　この答え、当たり前といえば当たり前。粒子は、平均的には、箱の真ん中にあるわけ。前の問題の「確率」とはちがうことに注意してほしい。こちらは、平均値なのである。

シュレ猫談義

隊長(しつこいが薫の父である)「あれ？　でも、実際には、粒子はどこにあるんだ？」

エルヴィン「隊長、酔っぱらいすぎて、目が回っているのでは？」

隊長「なに！」

エルヴィン「(きっぱり)冗談です。それは、エネルギー準位によるのです」

隊長「エネルギー順位ねぇ」

エルヴィン「順位じゃなくて準位です」

隊長「英語ではなんというのだ」

エルヴィン「level」

隊長「れぶ？」

エルヴィン「(嫌味っぽく)ちょっと発音が巧すぎたかな」

隊長「……」

エルヴィン「ごめんなさい。冗談です……ええと、レベルですよ」

隊長「エネルギー・レベルか？」

エルヴィン「はい」

隊長「そんなカンタンなことを、なぜ、わざわざ準位などという」

エルヴィン「日本の科学用語は、難しくできているんですよ」

隊長「なぜ？」

エルヴィン「輸入学問だから」

隊長「やさしい日本語にいいかえればいいじゃないか」

エルヴィン「それは、文部科学省にいってください。吾輩の管轄ではありませんから」

隊長「ふむ。それもそうだ。ところで、話は変わるが、巷(ちまた)に横行しておる波動商法は量子力学の波動と関係あるのか？」

エルヴィン「吾輩の知るかぎり、ない」

隊長「なんだ、突然、口調が変わりおって」

エルヴィン「あ、すみません、つい、隊長に向かって話しているのを忘れました」

隊長「わかればよろしい」

エルヴィン「波動商法では、水晶とか水に波動を吹き込むそうですね。まず、水晶は水とは関係ないし、音楽や声の波動は空気の振動であって、量子力学の波動関数とは関係がありません。さらに、電磁波は、ふつうは古典的にあつかっていいので、やはり、量子力学の波動とは関係ありません。ようするに、さまざまな波動現象をごっちゃにしてしまっているわけですね」

隊長「古典的とは？」

エルヴィン「これも物理学用語ですね。量子力学以前の物理学をすべてひっくるめて古典的と呼びます。ビートルズ以前をクラシック音楽というのと同じです」

隊長「おまえ、わしをからかっているだろう？」

エルヴィン「は？」

隊長「まあいい。ところで、最初の質問に答えておらぬぞ」

エルヴィン「エネルギーは、一番低い状態、その4倍、9倍、16倍、25倍という具合に上がっていきますが、そのどれかによって、粒子の存在確率も変わってきます。でも、具体的にどこにあるのかはわかりません」

隊長「わからないとはどういうことだ」

エルヴィン「ここで求めたのは、粒子の存在の可能性なのです」

隊長「でも、その可能性のうちのどこになるかはわからないと？」

エルヴィン「比喩的に説明するのであれば、ここでやったのは、ちょうど、サイコロがどんな目をもっているか、その可能性を列挙したようなものです」

隊長「サイコロは1から6までの目をもつじゃろ」

エルヴィン「世の中にはいろいろなサイコロがあって、たとえば、サッカーボールの五角形や六角形に番号をつけてサイコロとして使うこともできるでしょう」

隊長「なるほど」

エルヴィン「量子力学で計算できるのは、どんなサイコロか、つまり、どんな目が出る可能性があるか、というところまで。そのあとの、サイコロを振った結果は、確率的にしかわからない……」

隊長「まるで雲をつかむような話じゃ。酒でも飲んで一服するか」

2　調和振動子

またまた変な名前だ。何が「調和」していて、何が「子」なのだ。さっぱりわからん。

いつも英語を引き合いに出さないといけないというのは輸入学問の悲しさであるが、逆にいうと、物理学を勉強するには、英語の意味を理解するのが近道だということかもしれない。誰か偉い人が音頭をとって、物理学用語をやさしい日本語に変えてくれるまでは仕方ないです。

英語では、harmonic oscillator(ハーモニック・オシレーター)である。後半は、「振動するモノ」というような意味だろう。前半は、歌や音楽のハーモニーと同じなので、いろいろと考えてみたが、あまりよくわかりません。辞書を引くと、harmonic motion のところに「単弦運動」と出ている。これは、ようするに、バネの振動のことなのだ。フックの法則にしたがって、重さ m の玉がバネ定数 k のバネにくっついて揺れている状態。この運動を量子力学的な目で見るとどうなるか、というのがこの項の目的だ。

さて、バネのポテンシャルエネルギー V と力 F は

$$V = \frac{1}{2} kx^2$$

$$F = -kx$$

と書くことができる。マイナスが気持ち悪いかもしれないが、これは、単に、バネの平衡点(自然の長さ)よりも x が大きくなると、バネによって「引き戻される」から。つまり、x がプラスの方向に玉が動くと、力は x 軸のマイナス方向へはたらくのである。

古典的には、これで話はおしまいなのだが、速度や「玉がどこにあるか」などという問題を、少し突っ込んで考えてみよう。

最初にバネを平衡点から長さ L だけ右に伸ばしてみる。すると、バネがもっているポテンシャルエネルギー(位置エネルギー)は、

$$V = \frac{1}{2} kL^2$$

になる。「ポテンシャル」というのは、まさに、「何かをする能力」のこと

であり、今の場合、重さ m の玉を動かす能力ということ。

さて、この時点で、まだ、玉は止まっているから、運動エネルギーはゼロ。だが、手を離したとたんに、ポテンシャルエネルギーが運動エネルギーに転換されて、玉は動きはじめる。もちろん、バネが縮むのだから、玉は左方向へ動く。そして、玉の速さは、位置によって決まる。

その速さを計算してみよう。

玉が、最初に引き伸ばした位置である $x=L$ から、左へ動いて $x=L'$ にきたとき、玉の速度はどうなるだろうか？ それを見るには、まず、解放されたポテンシャルエネルギーを計算する必要がある。玉の位置が L から L' になると、解放されたポテンシャルエネルギーは、

$$\frac{1}{2}kL^2 - \frac{1}{2}kL'^2$$

だが、これが運動エネルギーに転換されるのだから、

$$\frac{1}{2}mv^2 = \frac{1}{2}kL^2 - \frac{1}{2}kL'^2$$

という等式を解くだけでよい。するとすぐに速度が、

$$v = \pm\sqrt{\frac{k}{m}(L^2 - L'^2)}$$

と求まる。ただし、マイナス符号は、左向きのときで、プラス符号は、右向きに動いているときである。

さて、速度が最大になるのは、$L'=0$、つまりバネの平衡点を玉が通過するときである。その瞬間、バネは自然の長さになるので、ポテンシャルエネルギーはゼロになって、すべては運動エネルギーに転換される。

いいかえると、調和振動子の全エネルギーは、保存されていて、それが運動エネルギーとポテンシャルエネルギーのあいだをシーソーのように揺れ動くのである。

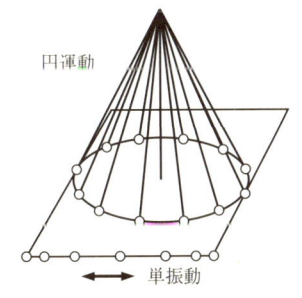

図2-8 円運動と単振動

このバネの運動、実は、円運動と関係している（図2-8）。等速円運動を真横から見ると、それは直線運動に見えるでしょう。その直線運動の様子が、バネの振動と同じなのだ。

天体の運動に調和を見いだした西欧の人々の頭の中には、円運動と調和振動子の関係を見い出していたのかもしれない。

速度が計算できたので、もう1つ、「玉はどこにあるのか？」という問題を考えてみよう。バネが伸びたり縮んだりしているわけだが、その様子を見ないで、いい加減に写真を撮ってみる。つまり、ランダムにパシャパシャと写真を撮って、玉がどこにあるかを確認するのである。このような撮影を続けていると、次第に、玉の位置に偏りがあることに気がつく。どうやら、玉は、真ん中、つまり、（バネの）自然長のあたりでは、あまり写らずに、バネが伸びきった左右の両端あたりでたくさん写っているではないか。

いったい、なぜだろう？

これは、当然といえば当然なのであって、玉の速度は、両端ではゼロになって、真ん中辺では最大になるのだから、両端付近にある確率が高く、真ん中付近にある確率は低いのだ。

F1レースで、ゴール前の大観客席の前あたりは、車がビュンビュンと最高速度で通り過ぎてしまうので、観客は首を左右に振るだけで、あまり車を見る時間がない。ところが、ヘアピンカーブのあたりは、車が速度を緩めているので、長時間、車を見ることができる。だから、通は、料金の

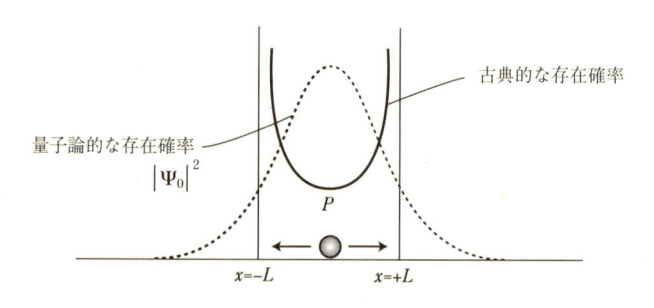

図2-9　古典的な存在確率

安いヘアピンカーブのあたりで観戦するのですね。

それと同じで、古典的な調和振動子の玉は、左右の方向転換点のあたりでは速度が緩むので、長いあいだ「滞在」することになるのだ。図 2-9 をご覧いただきたい。

さて、この調和振動子を量子力学的にあつかうのであるが、ちょっと簡単には解くことができない。だから、ここでは、答えだけを書くことにする。

量子力学的な調和振動子のエネルギーと波動関数は、添え字の n を 0、1、2、……として、

$$E_n = \left(n + \frac{1}{2}\right)\hbar\omega$$

$$\psi_n = \frac{1}{\sqrt{2^n n!}} \sqrt[4]{\frac{m\omega}{\pi\hbar}}\, e^{-\frac{1}{2}q^2} H_n(q)$$

ただし、q は位置 x を使って、

$$q = \sqrt{\frac{m\omega}{\hbar}}\, x$$

と定義される。また、ω は振動数で、

$$\omega = \sqrt{\frac{k}{m}}$$

である。

ここで、驚いたことに、q は無次元になっている(つまり、メートルとかキログラムといった単位がない量)。こうやって次元をなくすことは、物理学ではよくある。一種のスケール変換で、物理的な本質を見ようというときに使う方法だ。

H_n は、エルミート多項式と呼ばれている。表 2-1 をご覧ください。

なんでもいいけど、答えだけでも複雑で嫌になってしまいますね。いずれ、中級や上級の量子力学の本を読むときに怖くないように、名前と恰好だけご紹介しておきます。

ポイントをあげておきます。

表 2-1 エルミート多項式

n	$H_n(q)$	E_n
0	1	$\frac{1}{2}\hbar\omega$
1	$2q$	$\frac{3}{2}\hbar\omega$
2	$4q^2 - 2$	$\frac{5}{2}\hbar\omega$
3	$8q^3 - 12q$	$\frac{7}{2}\hbar\omega$
4	$16q^4 - 48q^2 + 12$	$\frac{9}{2}\hbar\omega$
5	$32q^5 - 160q^3 + 120q$	$\frac{11}{2}\hbar\omega$

| ポイント 1 | 波動関数はガウス関数がかかっているので、誤差分布のような形が基本 |

| ポイント 2 | エネルギー準位は等間隔になっていて、ゼロ点エネルギーがある |

　ガウス関数というのは、釣り鐘曲線(ベルカーブ)とも呼ばれている。学校の成績の分布とか測定誤差の分布は、平均値を中心に釣り鐘のような形になっている。この釣り鐘曲線が基本で、それにエルミート多項式がかかることによって、波動関数の山と谷ができあがる次第。最低の $n=0$ の状

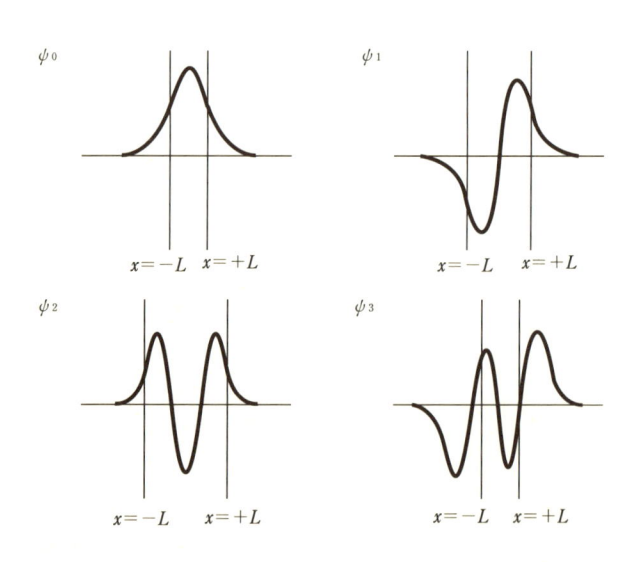

図 2-10　波動関数

$$E_n \propto (n+\tfrac{1}{2})$$

ゼロ点エネルギー → E_0

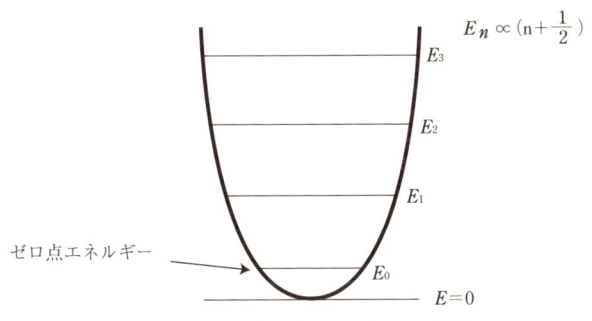

E_3
E_2
E_1
$E=0$

図 2-11　調和振動子のエネルギー準位

態は、釣り鐘曲線そのままである。

　ちょっと面白いのは、最低エネルギーがゼロではなくて、

$$E_0 = \frac{1}{2}\hbar\omega$$

という"ゼロ点エネルギー"があること。これは、温度が絶対零度(－273.16℃)になっても、振動が止まらないということである。

　さきほどの古典的な調和振動子と「存在確率」を比べてみよう。

　一番エネルギーの低い基底状態 ψ_0 では、存在確率のグラフは、古典的な場合と逆さまになってしまう(図 2-9)。つまり、量子力学的な調和振動子の場合、基底状態では、両端付近ではなく、真ん中に存在する確率のほ

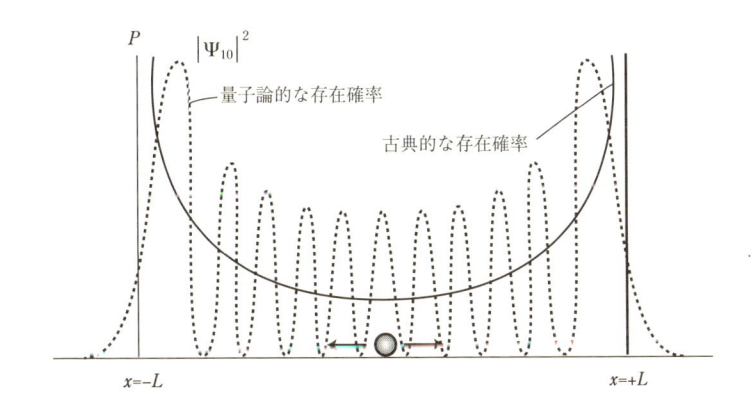

P　$|\Psi_{10}|^2$
量子論的な存在確率
古典的な存在確率
$x=-L$　$x=+L$

図 2-12　古典的な調和振動子と量子論的な調和振動子の存在確率

うが高いのである。F1 の例でいうならば、通よりもゴール前の観客席にいる人々のほうが、よく見物できることになる。

　だが、エネルギーが上がって、たとえば、ψ_{10} の状態になると、全体的な傾向は、古典論の場合と量子論の場合とで、同じような形になってくる（図 2-12）。ただし、量子的な場合は、存在確率が大きく波打っていることに注意してください。

　ふたたび、F1 の例でいうならば、ヘアピンカーブからちょっと離れたところが一番いい特等席になって、でも、特等席のすぐ隣では、車が見える確率がゼロという悲惨なことになる。まさに、幽霊のようにとらえどころのない量子力学ならではの現象だといえる。

シュレ猫談義

亜希子「ねえ、ねえ、ゼロ点エネルギーって使えるの？」

エルヴィン「いや、吾輩の考えでは、かなり難しいと思いますが」

亜希子「科学雑誌で使えるって話を読んだわよ」

エルヴィン「どんな記事ですか？」

亜希子「量子力学的なゼロ点振動を取りだして、無尽蔵のエネルギー源として活用する、とかいう内容だったかな」

エルヴィン「今のところ無理みたいですね」

亜希子「なんだ、がっかり。でも、ここでやった調和振動子って、ようするにバネのことでしょ？　実用性あるのかなぁ」

エルヴィン「そりゃ、ありますよ。たとえば、電磁場だって、量子化すると、無数の調和振動子の集まりになるんですから」

亜希子「電磁場って、携帯電話を使うときの電波のもと？」

エルヴィン「そうです」

亜希子「電磁場も量子力学になるの？」

エルヴィン「当たり前です。世の中のすべては量子力学的にふるまうのです。量子力学の効果が無視できるときだけ、古典論を使って計算するのです。古典論は、量子論の近似なのですよ」

亜希子「へぇ、そうだったんだぁ。携帯電話は近似なのか」

エルヴィン「まあ、携帯電話の中に使われているエレクトロニクスの部品は、量子力学の原理で動いていますけどね」

亜希子「たとえば？」

エルヴィン「昔とちがって、今では部品が小さすぎて説明も難しいんですが、基本的には、トランジスタとかダイオードとか……量子力学のトンネル効果によるダイオードを発見した江崎先生は1973年度ノーベル賞を受賞しました」

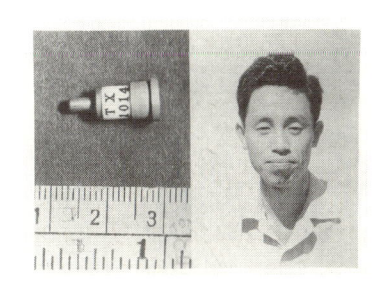

図2-13　(右)江崎玲於奈博士(1959年ごろ)、(左)トンネルダイオード

亜希子「エレクトロニクス部品は古典近似じゃだめなの？」

エルヴィン「だめです。量子力学的な効果を使っていますから」

亜希子「トンネル効果とか？」

エルヴィン「そうです。古典的にはありえないけど量子論的には起こる現象がもとになっているわけです」

亜希子「かりに量子論が発見されなかったとしたら、今の世の中はどうなっているかしら」

エルヴィン「そうですねぇ。トランジスタラジオがないわけで、電車で音楽を聴くこともできないわけで、携帯電話もないし、パソコンもないし、インターネットもないでしょうね。カラオケも難しいかな」

亜希子「ようするに、エレクトロニクス関係は全滅ということね」

エルヴィン「そうなんです。そのわりには、ありがたみが伝わっていませんよね。誰も真剣に量子力学を勉強しようとしないし」

亜希子「コホン」

エルヴィン「あ、すみません。亜希子さんは例外です」
亜希子「この本の読者もね」
エルヴィン「当然です(断言)」

---

3 水素原子

　これまた、学校では詳しくやる話題なのだが、3次元にしないといけないし、ちょっと複雑なので、この本では、ボーアの「前期量子論」と呼ばれるやり方でエネルギー準位だけを求めてみる。

　ラザフォードの原子模型によれば、原子は、真ん中にあるプラスの電荷と周囲を回っているマイナス電荷からなる。原子核のまわりを電子が回っているという、お馴染みの図である。

　デンマークの物理学者、ニールス・ボーアは、1913年に、次のようなアドホックな原理を考えて水素原子のエネルギーを求めることに成功した(アドホック ad hoc＝その場しのぎの。別に悪い意味ではありません)。

図2-14　ボーア

ボーアの量子条件　電子の角運動量はディラックの$\hbar$の整数倍である

　当時は、ディラックの$\hbar$という言葉は定着していないから、プランク定数hを2πで割ったもの、というべきだろうが、まあ、いいでしょう。

　運動量は質量かける速度でmvだった。円運動の場合は、「どれくらいの円運動をしているか」を測る目安として、運動量ならぬ「角運動量」に注目する。たとえば、重さmの電子が速さvで円運動をしている場合、円の半径rによって円運動の大きさは変わってくる。だから、角運動量は、mvrで定義される。

　車のトルクというのがある。あれも、直線運動の力を円運動(つまり車輪)に拡張した概念で、車のタイヤが地面におよぼす力に車輪の半径をか

けた値になっている。トルクとは回転力のことである。

図 2-15 をご覧いただきたい。円運動の場合、速度は刻々と方向を変える。無限小の時間 Δt だけ隔たった速度ベクトルに注目すると、その差がわかる。速度の変化率が加速度なのであるから、円運動の加速度は、v^2/r になる。

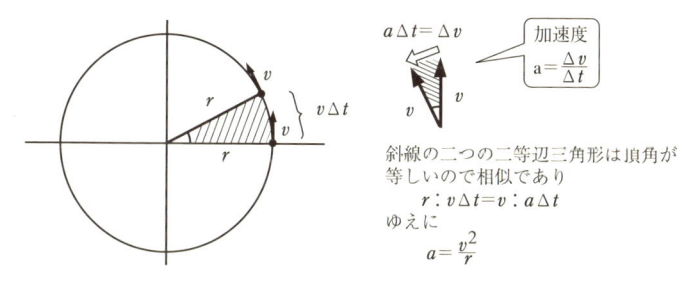

図 2-15 円運動

斜線の二つの二等辺三角形は頂角が等しいので相似であり
$$r : v\Delta t = v : a\Delta t$$
ゆえに
$$a = \frac{v^2}{r}$$

加速度
$$a = \frac{\Delta v}{\Delta t}$$

さて、ボーアは、こんなふうに考えた。

「原子核と電子はクーロン力によって引き合っている。それが遠心力とつりあっているから原子は崩壊しないのだ」

式で書くと、

$$\frac{e^2}{r^2} = m\frac{v^2}{r}$$

となる。左辺がクーロンの逆 2 乗の法則で、右辺は遠心力である。これから、電子の軌道半径が、

$$r = \frac{e^2}{mv^2}$$

と求まります。

単位系のもんだい

ここで、「あれ？　学校で教わったのとちがうぞ」と思われた読者も多いだろう。なぜなら、学校では、クーロンの法則は、

$$k = 9.00 \times 10^9 \frac{Nm^2}{C^2}$$

という「クーロン定数」と「素電荷」の

$$e = 1.60 \times 10^{-19} C$$

を使って、

$$k \frac{e^2}{r^2}$$

と書かれるからだ。Cは「クーロン」という単位である。もちろん、ここでは、kを忘れたわけではなく、学校で教わるのとは別の単位系を使っているのである。そんなことをして先生に怒られやしないか？　いえいえ、ご心配めさるな。素粒子や高エネルギー物理学の教科書では、このような単位系が実際に使われているのです。なぜなら、素粒子や量子力学をやるだけなら、そのほうが式がカンタンになるからである。単位系というものは、全体としてつじつまが合えば、どのようなものを使っても構わない。たとえば、cgs単位系（センチメートル、グラム、秒を基本とする単位系）の一種である「静電単位系」では、クーロンの法則は、

$$\frac{e^2}{r^2}$$

というすっきりした形になるのだ。単位系の細かい話は、ややこしいので、これ以上、立ち入らないが、「単位」というものは人間が勝手に決めたものなのだということを覚えておいてほしい。「メートル」のかわりに「尺」を使ったって構わないのである。教科書、特に欧米の教科書を読むときは、実にさまざまな単位系が使われているので、気をつけましょう。

ここまでは古典論の話なので、別に何も面白くない。だが、ボーアの量子条件を使うと、n を整数として

$$mvr = n\hbar \quad (\text{角運動量が} \hbar \text{の整数倍})$$

であるから、電子の軌道半径が、

$$r = \frac{n^2 \hbar^2}{me^2}$$

と、とびとびの値をとるようになる。n は、1、2、3、……という正の整数だからである。つまり、電子の軌道は、4倍、9倍、16倍というように整数の2乗で大きくなっていく。

次にエネルギーを求めてみよう。水素原子のエネルギーは、原子核のまわりを回っている電子の運動エネルギーとクーロンポテンシャルの和であるから、

$$E = \frac{1}{2} mv^2 - \frac{e^2}{r} = \frac{1}{2} \frac{e^2}{r} - \frac{e^2}{r} = -\frac{1}{2} \frac{e^2}{r}$$

$$= -\frac{1}{2} \frac{me^4}{\hbar^2} \frac{1}{n^2}$$

と計算できる。つまり、エネルギー準位は、-1、$-1/4$、$-1/9$、$-1/16$、……という具合に上がっていく。

あれ？　どうしてエネルギーがマイナスなのさ。

水素原子は、原子核が電子を束縛しているのです。引力でつかまえて放さないわけ。それで、基底状態、つまり、最低エネルギーの状態は軌道半径が一番小さくなっている。軌道半径が徐々に大きくなるにしたがって、エネルギーは段々とゼロに近くなっていく。

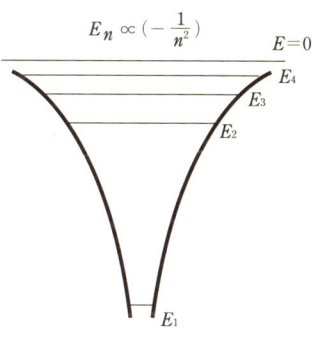

図2-16　水素原子のエネルギー準位

エネルギーがマイナスなのは、早い話が、「あとどれくらい外からエネルギーをつぎ込んでやれば、電子が自由になるか」ということを意味している。

そうですね、イメージとしては、井戸の中で蛙がピョンピョン跳びはねていて、その地下の最低の位置が基底エネルギーに相当するような感じでしょうか。n が大きくなれば、エネルギーが大きくなり、地面すれすれま

で飛び上がることができる。

　さて、これが、いわゆる前期量子論による計算方法だ。もちろん、今では量子力学が完成されているのだから、ちゃんとした計算をやって、波動関数を求めることが可能だ。この本ではやらないが、図で結果だけ、ご紹介しておく（図2-17、18）。電子の存在位置は、確率的にしか求まらな

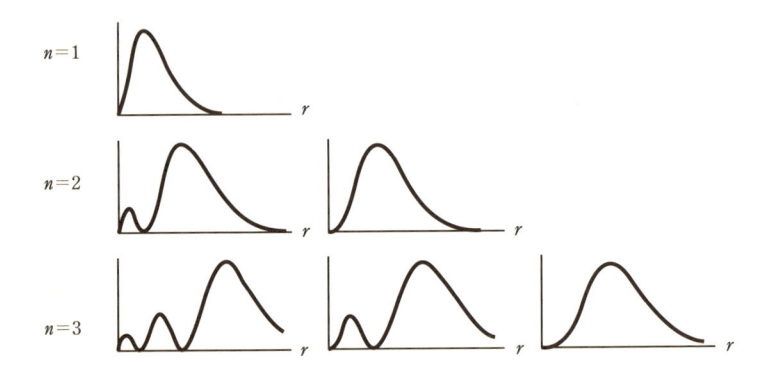

図2-17　動径方向、つまり極座標でr方向の波動関数にr(中心からの距離)をかけて2乗したもの。電子の存在確率をあらわす

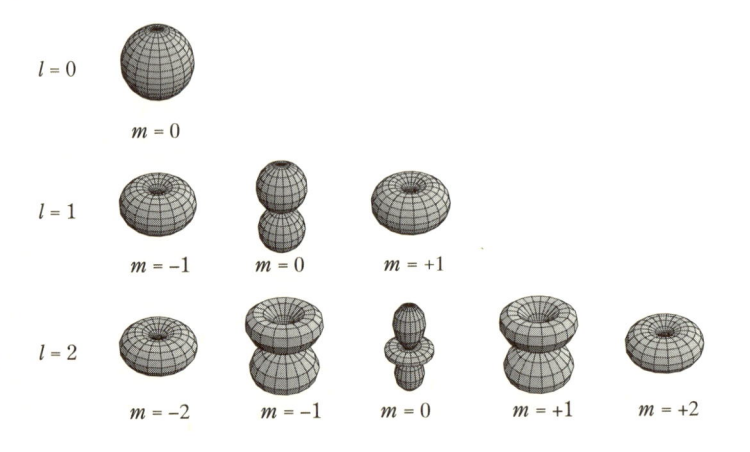

図2-18　波動関数の角度(θ、ϕ)部分の形。水素原子の電子の存在確率は、図2-17に図2-18をかけたものになる。つまり、原点からの距離が大きくなるにつれて、図2-17のように確率が小さくなるので、図2-18は、周囲が雲のようにぼやけているのだと思ってください

いので、前期量子論のように軌道半径が決まって円運動をしているわけではない。あくまでも確率の「波」として存在する。原子核のまわりを電子の雲が覆っているようなイメージである。

シュレ猫談義

亜希子「電子って太陽系みたいに原子核のまわりを電子が回っているもんだとばかり思ってたわ」

エルヴィン「それは古典近似の描像(びょうぞう)ですね」

亜希子「本当は、雲みたいにぼやけているんだ」

エルヴィン「ええ、そのぼやけ方ですが、ちゃんと計算すると、花びらみたいにきれいなパターンになるのです」

亜希子「電子の雲と量子の波の関係は？」

エルヴィン「電子も量子の一種なわけです。だから、波の性質をもっています。でも、それは空間に実在する波ではないのです」

亜希子「というと？」

エルヴィン「波動関数は、電磁場や流体の場などとちがって、確率と関係しているからです」

亜希子「ふうん」

エルヴィン「電子の波動関数自体は複素数で無限次元の空間に住んでいるのですが、それを空間から見ていると、波動関数の2乗にしたがって、電子が確率的に発見できるのですよ」

亜希子「「$|\psi(x)|^2$」が x によって値がちがって、その値の大きいところでは、電子が見つかりやすい……」

エルヴィン「そうです。ですから、ψ そのものが空間にある波というより、ψ は確率の波だといったほうが的を射ているのです」

亜希子「でも、あなたの昔のご主人だったシュレディンガーは、ψ が本当に存在する波(実在波)だと考えていたんでしょう？」

エルヴィン「ギクッ」

亜希子「(妖しい目つきで)シュレディンガーが怖ろしい実験をしたんでし

エルヴィン「(うろたえながら)なぜ、それを……」
亜希子「ふふふ、知っているのよ、あなたの秘密……」
エルヴィン「う、うわぁ！」

2.3. スピンとはなんぞや

水素原子と角運動量

　ここで、ふたたび、水素原子に話を戻そう。

　さきほどは、ボーアの前期量子論という近似を使って、とりあえず、水素原子のエネルギーを求めてみた。水素原子の方程式をきちんと解くのはかなりレベルが高いので、この本ではやらないが、もう少し、突っ込んだ、水素原子の意味を考えてみることにする。

　水素原子の古典的な描像は、真ん中にある陽子(原子核)のまわりを電子が1個回っている、というものだ。太陽のまわりを地球が回るのと同じである。

　量子力学では、話が単純ではなくなって、軌道なんてものは存在しなくなってしまう。だが、それでも、角運動量は存在するのだ。ふつうに回っていないのは確かだが、それでも、・ある・意・味・では、回っている。

　なんとも頭が痛い話なのだが、そこらへんの事情を詳しく見てみたい。

　といっても、そもそも角運動量なんて忘れてしまった人もいるだろうし、力学の角運動量がよくわからなかった人もいるだろうから、まず、角運動量の力学における意味について考えてから、量子力学の角運動量をご紹介しよう。

　まず、「運動量」であるが、その名のごとく、運動を定量的にあつかうために力学では重さ m に速さ v をかけて、運動量と定義する。もう1つ、たいせつな概念が「力」であって、誰でも知っているように、

$$F = ma$$

なので、力と運動量の関係は、

$$F = \frac{\mathrm{d}p}{\mathrm{d}t} = \dot{p}$$

となる。なぜなら、m は定数で、速さ v は位置 x の時間変化で、加速度 a は v の時間変化だから。言葉で書くとごちゃごちゃと意味不明だが、式で書くと、

$$v = \frac{\mathrm{d}x}{\mathrm{d}t} \equiv \dot{x}$$

$$a = \frac{\mathrm{d}^2 x}{\mathrm{d}t^2} \equiv \ddot{x}$$

となるので、とてもカンタン。

　ようするに、何がいいたいかというと、物体に力が加わったとき、それは、運動量の時間変化に等しいということなのだ。力は運動量を変化させるのである。

　当たり前のようだが、昔の人は、力と運動量が同じものだと考えていた。たとえば、ギリシャの哲学者、アリストテレスは、(今ではまちがっていることがわかっているわけだが)、現代風に書けば、

$$F = mv$$

だと考えていた。それどころか、中世にいたるまで、この考えが踏襲されていた。誰か権威ある人がなにげなくいったことが、その後、百年も千年も信じられ続けるということは、人類の歴史にはよくあること。

　アリストテレスの考えは、いってみれば、力の大きさに比例して速さが決まる、という考えである。

　現代では、そうではなくて、力と加速度が比例することがわかっている。

トルクを忍者から教わる

さて、以上は直線運動の話だが、世の中には、回転運動というものがある。そこでは、力や運動量や速度のかわりに、「トルク」とか、角運動量とか角速度という概念が登場する。

昔の忍者がやっていたように、石にひもを結わえつけて、頭の上でブンブン回してみよう。徐々にひもの長さを長くしてゆく。すると、ひもが短かったときよりも、石の速さが落ちることに気がつくはずだ。

あるいは、自転車を漕ぐ場合を考えよう。車輪が小さいと回転は速いが、車輪が大きくなると回転は遅くなるだろう。

このように、物体を回転させるのに必要な正味の力のことを「トルク」と呼ぶ。トルクは、回転半径の中心から物体までの距離を r とすると、F に r をかけたものである。同様に、角運動量 L は、運動量 p に r をかけたもの。だから、当然のことながら、r が一定ならば、トルク N は

$$N = Fr = \dot{p}r = \dot{L}$$

になる。

| 直線運動 | 力は運動量の時間変化 |

| 回転運動 | トルクは角運動量の時間変化 |

という対応関係があるのだ。

とにかく、「角」が関係してくると、「腕の長さ」r をかければいいわけ。

トルク＝力×腕の長さ

角運動量＝運動量×腕の長さ

「トルク」というのは学校では教わらなかったかもしれませんね。英語の教科書では、ふつうに使われているのだけれど、日本だと、工学系の教科書や自動車のカタログにしか載っていないかもしれない。教科書では「力

のモーメント」と出ていることが多いが、いちいち、力のモーメントと言うのは長くてめんどくさいし、せっかく「トルク」という言葉があるのだから、使わせてもらいます。

ベクトル積のなぞ

さて、だいたいの意味がつかめたところで、角運動量について、もう少し詳しく考えてみる。

力も運動量も、ふつうはベクトルであらわしますね。3次元空間では、

$$\boldsymbol{F} = \begin{pmatrix} F_x \\ F_y \\ F_z \end{pmatrix}$$

などと書く。この成分による表示は、座標系のとり方によって成分の値が変わってくるという意味で、本質的なものではない。あくまでも、（抽象的な）ベクトルがあって、それを計算するために座標系の向きを決めて、成分を書くのである。座標系を回転させれば、成分の値も変わる。

猫の回転

猫は塀から落ちても足で着地する。背中を下にして落ちても、地面に着地するときは、ちゃんと足を下にしている。でも、空中で、どうやって回転することができるのだろう？ 回転には腕の長さ r が重要なのだが、猫は、ちゃんとその原理を知っているのだ。角運動量は保存される、つまり、（回転の速さ）×（腕の長さ）は一定のまま。ということは、（腕の長さ）が長ければ回転しにくくて、（腕の長さ）が短ければ回転しやすいわけ。そこで猫は、最初は両足をつっぱって長さを長くして、下半身を回転しにくくしておいて、上半身だけ回転させて下を向く。それから、今度は両手をつっぱって、上半身を回転しにくくして、足のほうは縮めて、下半身を回転させる。こんなところにも「角運動量」が関係しているのでした。

余談だが、ベクトルは、アルファベットに線を加えて、

$$\mathbb{A}\ \mathbb{B}\ \mathbb{C}\ \mathbb{D}\ \mathbb{E}\ \mathbb{F}$$

図2-19　ベクトルの書き方

などと書くことが多い。これは、ファインマン博士の有名な教科書に出ているが、実際、はじめてベクトルを教わったとき、先生が、

$$\vec{F}$$

などとアルファベットの頭にいちいち矢印を乗せているのを見て、めんどくさいなぁ、と思われた方も少なくないはずだ。趣味の問題といってしまえばそれまでだが、数学の記法は、案外と重要で、とにかくカンタンで合理的なもののほうがいい。

　というのは脱線なのだが、僕がはじめて角運動量やトルクを教わったときに頭に浮かんだ疑問は、その「方向」である。たとえば、頭の上で攻撃用の石を振り回しているとき、その角運動量は、頭の上を向いているのだ（ひもについた石が頭上から見て左回りのとき）。

　あるいは、自転車の車輪の場合なら、角運動量は車軸の方向なのである。

　まあ、これは、当たり前といえば当たり前なのであって、石やタイヤの動きを追っていたのでは、方向が刻々と変化する以上、決まった方向などないことになる。そこで、ちょっと視点を遠くにおいて、全体を見渡すのである。すると、回転現象において、不変な方向は回転軸だけだということがわかるのだ。だから、角運動量は、物体の運動の方向ではなく、軸の方向を向いている、と定義すると都合がいいわけ。

　それで、方向も含めて角運動量を書くと、

$$L = r \times p$$

という「ベクトル積」であらわすことになる。忍者の例でいえば、rは手を中心にひもの先端についている石へ向かうベクトルで、pは石の速度方向で、Lは頭上方向。ちょうど、右ネジが進むような感じである。rがpの方向に動くと頭のネジLが進むというイメージである。

うーむ、わからん。ゼロから学んでいるのに、この本には、数式がバンバン出てくるではないか。

まあ、数式を使わないというのもわかりやすさかもしれないが、数式を使って、その数式をちゃんと説明する、というのもわかりやすさだと僕は思うのである。

というわけで、ベクトル積を説明しましょう。

まず、これを成分で書いてみる。たとえば、z成分。

$$L_z = x p_y - y p_x$$

他の成分については、順繰りに、$x \to y \to z$とおきかえればいい。

$$L_x = y p_z - z p_y$$

$$L_y = z p_x - x p_z$$

この式を見ると、最初は、誰でものけぞってしまうにちがいない。だって、角運動量は回転半径rに運動量pをかけたもののはずなのに、いつのまにか、xに運動量のy成分をかけて、それからyに運動量のx成分をかけたものを引いているからだ。どうして、これが角運動量になるのか。だいたい、最初の項はプラスなのに後の項がマイナスなのも気持ち悪い。

というわけで、図2-20をご覧ください。

まず、位置関係がカンタンな場合から確認してみよう。たとえば、$y=0$のときである。このとき、物体は、$x=r$のところにあって、y方向を向いて動いている。運動量はy方向だけで、$p=p_y$というわけ。だから、

$$L_z = xp_y - yp_x = xp_y - 0 = rp$$

となって、たしかに運動量に「腕の長さ」rをかけたものになっている。

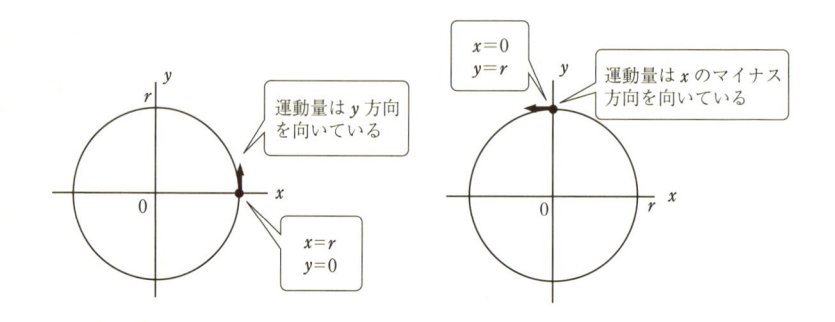

図 2-20　角運動量

次に、$x=0$ の場合について考えてみる。マイナス符号がおかしいような気がするが、$y=r$ の場合、運動量 p_x は、x のマイナス方向を向いているのだ！　よーく、図をご覧いただきたい。だから、

$$L_z = xp_y - yp_x = 0 - yp_x = -r(-p) = pr$$

となって、やはり、運動量かける腕の長さになる。

以上の2例は、ようするに、角度がゼロの場合と $\pi/2 (= 90$ 度$)$ の場合ということ。

とりあえず図を描く!

最後に、角度が θ の一般の場合を考える。こういうのは、自分で図を描いてみるのが一番。

図 2-21 に大きな三角形と小さな三角形があるでしょう。相似な直角三角形である。学校で教わったように、サインとコサインは、英語の筆記体のＳとＣを描いて覚える。斜辺分の高さがサインで、斜辺分の底辺がコサインになるわけ。だから、大きい三角形において、

$$x = r\cos\theta$$

$$y = r\sin\theta$$

となる。

小さな三角形でも同様に、

$$p_x = -p\sin\theta$$
$$p_y = p\cos\theta$$

ということがわかる。p_x のほうがマイナスなのは、運動量が x のマイナス方向を向いているから。あの、これって、本当に図を描いてみないと理解できません。物理の問題の半分までは、ちゃんと図を描くことができるかどうかにかかっている。図を描かずに、数式だけで解こうと考えても、無駄に冷や汗を流すことになるから要注意。ふだんから気軽に図を描く習慣をつけておけば、試験のときも怖くない。たとえば、ここに出てきたサインとコサインだって、三角形の周囲に筆記体のＳとＣを描けば忘れることはない。公式というのは、そうやって覚えるものだ。

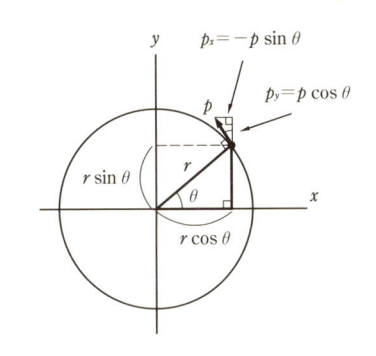

図 2-21　一般的な場合

またまた余談だが、

$$\sin^2\theta + \cos^2\theta = 1$$

という公式が難しいと不平をこぼす人がいる。でも、この公式は、全然、難しくないのだ。なぜなら、斜辺の長さを r、高さを a、底辺の長さを b とすれば、サインは「r 分の a」であるし、コサインは「r 分の b」なのだから、この公式は、

$$\frac{a^2}{r^2} + \frac{b^2}{r^2} = \frac{a^2 + b^2}{r^2} = 1$$

という当たり前のことをいっているにすぎない。え？　なんで、これが当たり前かって？　だって、これは、ピタゴラスの定理（三平方の定理）じゃあ、ありませんか。

$$a^2 + b^2 = r^2$$

当たり前だった人にはごめんなさい。

というわけで、最終的に、
$$L_z = xp_y - yp_x$$
$$= (r\cos\theta)(p\cos\theta) - (r\sin\theta)(-p\sin\theta)$$
$$= pr(\cos^2\theta + \sin^2\theta)$$
$$= pr$$

となります。

さて、角運動量を理解する好例として、地球を思い浮かべていただきたい。地球は、太陽のまわりを回っている。公転である。だから、公転による角運動量をもっている(軌道角運動量)。

だが、地球は公転だけでなく自転もしている。だから、地球には、公転による角運動量のほかに自転による角運動量があるのだ。軌道角運動量を L、自転の角運動量を S と書くことにすると、全体の角運動量は、$L+S$ になる。まったく異なった回転を足し合わせて $L+S$ とすることに疑問がある人もいるかもしれない。じつは、角運動量の方向を回転の軸方向にとったことがここでは効いているのだ。

ようやく量子力学の角運動量の話に移ります。

水素原子のところで見たように、原子核のまわりを電子が軌道を描いて回っている、というのは古典的な描像であって、実際は、確定した軌道があるわけではない。

だが、量子力学の角運動量は、意外とカンタンである。

$$L_z = xp_y - yp_x$$

という形はそのままで、運動量には、ふつうの量子化の規則を使えばいいのだ。

$$p \Longrightarrow -i\hbar\frac{\partial}{\partial x}$$

おっと、さきほどは1次元の話をしていたので、ちょっと拡張しないといけない。3次元空間での量子化の規則は、

運動量の量子化

$$p_x \Longrightarrow -i\hbar \frac{\partial}{\partial x}$$

$$p_y \Longrightarrow -i\hbar \frac{\partial}{\partial y}$$

$$p_z \Longrightarrow -i\hbar \frac{\partial}{\partial z}$$

となります。

シュレ猫談義

エルヴィン「ご主人、ちょっと話が長くなりましたよ」
竹内薫「あ、いかん。俺は学生の欠伸（あくび）と読者が本を閉じることが何よりも嫌いなのだ」
（隊長と亜希子が部屋に入ってくる）
隊長「よ、おふたりさん」
竹内薫「あ、親父……亜希子も一緒か」
エルヴィン「にゃ！」
竹内薫「なにが『にゃ！』だ。会話がはじまったばかりで消えることは許さん」
エルヴィン「でも」
竹内薫「でも、じゃない。亜希子と何かあったのか？」
亜希子「別にぃ」
エルヴィン「いえ、特に不都合はございません」
竹内薫「じゃあ、しばらく一緒にいろ」
エルヴィン「わかりました」
亜希子「量子化の規則はわかったわ。角運動量は、

$L_z = xp_y - yp_x$

$$= -i\hbar (x\frac{\partial}{\partial y} - y\frac{\partial}{\partial x})$$

などとなるわけね」

竹内薫「そのとおり」

亜希子「この形を使うと、

$$[L_x, L_y] = i\hbar L_z$$

という交換関係がたしかめられるわね」

竹内薫「そうだね」

亜希子「この交換関係になんの意味があるの?」

竹内薫「古典力学とちがって、交換しないのだから、不確定性がある」

エルヴィン「(竹内に耳打ち)ご主人、その話、まだしてませんよ」

竹内薫「そうだっけ? ごめん、ごめん。これは数学的に証明できるのだけれど、交換関係がゼロにならない場合、不確定性があるんだよ。たとえば、

$$[p, x] \equiv px - xp = -i\hbar$$

の場合、p と x のあいだの不確定性の度合いは、右辺の絶対値である $\hbar$ で決まってきて、

$$\Delta p \cdot \Delta x \geq \frac{\hbar}{2}$$

になるのだ。第1章の不確定性原理のところでやったね」

亜希子「交換しないということと、不確定性があるということとは、数学的に同じなんだぁ。でも、角運動量の、

$$[L_x, L_y] = i\hbar L_z$$

という場合の不確定性はどうなるの?」

竹内薫「運動量と座標の場合と同じで、

$$\Delta L_x \cdot \Delta L_y \geq \frac{\hbar}{2} \langle L_z \rangle$$

となるね。正確には絶対値が必要だけど」

亜希子「ちょっと記号の意味がわからないわよ」

竹内薫「まず、言葉で説明すると、ΔL_x というのは、角運動量の x 成分を測定したときの不確定性、いうなれば、測定誤差のことだね。ただし、前にも言ったけど、測定器具の精度を上げても、絶対に測ることができない誤差なのだから、人間のせいじゃない。自然が課した測定の限界みたいなもの。それから、$\langle L_z \rangle$ は角運動量の z 成分の期待値で、角運動量の z 成分の測定値として期待される値のこと」

亜希子「平均値と考えていいのね?」

竹内薫「何度も同じ状態を測定したときの平均値だね。古典的には、同じ状態なら、いつも同じ測定値になるけど、量子力学の場合は、確率的にしか値が決まらないから」

亜希子「数式ではどうなるんだっけ?」

竹内薫「ΔL_x と $\langle L_z \rangle$ の定義は、

$$\Delta L_x = L_x - \langle L_x \rangle$$
$$\langle L_z \rangle = \int \psi^* L_z \psi \, dz$$

だね」

亜希子「まだ、よくわからないなぁ。そもそも、

$$\Delta L_x \cdot \Delta L_y \geq \frac{\hbar}{2} \langle L_z \rangle$$

というのはどういう意味なのよ。角運動量の x 成分とか y 成分とかいわれてもねェ。それに、その不確定性の度合いが、z 成分の期待値で決まるといわれても……ぜんぜんイメージわかないわよ」

竹内薫「エルヴィン、バトンタッチ!」

エルヴィン「わかりました。今の場合、水素原子を例に具体的に説明するのが早道だと思います」

竹内薫「やれ(あごをしゃくる仕草)」

エルヴィン「(内心、ちょっと、ムッとしながら)もう何度も出てきましたが、水素原子のエネルギー準位は、

$$E \propto \frac{1}{n^2}$$

という具合に自然数 n の2乗に反比例するわけです。$\propto$ は比例の記号です。つまり、エネルギーは自然数 n で決まるのです。この n のことを主量子数と呼びます」

亜希子「主量子数？」

エルヴィン「英語では principal quantum number です」

隊長「主があるからには、副量子数もあるのか？」

エルヴィン「まあ、副量子数とはいいませんが、ありますよ。水素原子の場合、まず、主量子数の n によって主な状態が決まって、次に、電子の軌道角運動量の大きさ L で細かい状態が決まります。この L のことを軌道量子数、orbital quantum number と呼びます」

隊長「軌道量子数は、あくまでも副次的なものなのだな？」

エルヴィン「そうです。L の定義は、

$$L^2 = L_x^2 + L_y^2 + L_z^2$$

なのですが、面白いことに、その上限が主量子数の n で決まっているのです。

$$L^2 = l(l+1)\hbar^2 \qquad l = 0, 1, 2, \cdots, (n-1)$$

という具合に」

亜希子「うーん、n で決まるのは全エネルギーなんだから、その一部が軌道運動によるエネルギーなわけで……だから、軌道エネルギーの上限が n で決まるところは理解できるんだけど……。$l(l+1)$ というのがわからないわね」

エルヴィン「これは、シュレディンガー方程式をちゃんと解かないと出てこないんですよ。この本では、許してください。というわけで、気持ち悪いかもしれませんが、もうちょっと先に進ませてください。水素原子の状態を決めるには、もう1つ、さらに副次的な量子数が必要です。それは、角運動量の z 成分の値で、磁気量子数、magnetic quantum number と呼ばれています。

$$L_z = m\hbar \quad m = -l, -l+1, \cdots, -1, 0, +1, \cdots, l-1, l$$

と、当然のことながら、角運動量の z 成分の大きさは、全角運動量の値 l が上限になっています」

亜希子「マイナスでもいいわけ?」

エルヴィン「だって、角運動量の方向というのは、ようするに地球でいえば公転の軸なわけで、その軸が上を向いているのがプラスとすれば、横を向いていればゼロだし、下を向いていればマイナスになるのですから」

隊長「記号ばかりでちっともわからん。具体的に説明してくれんかね」

エルヴィン「それでは、n が 3 で l が 2 の場合を図示してみましょう (図 2-22)」

隊長「そうか、この矢印が角運動量の方向で、それがクルクル回っているわけか」

亜希子「ちょっと、それってヘン」

隊長「どうしてじゃ?」

エルヴィン「古典的には、回っている円運動の軸は角運動量の方向なのであって、角運動量の軸自体は回らないわけですから」

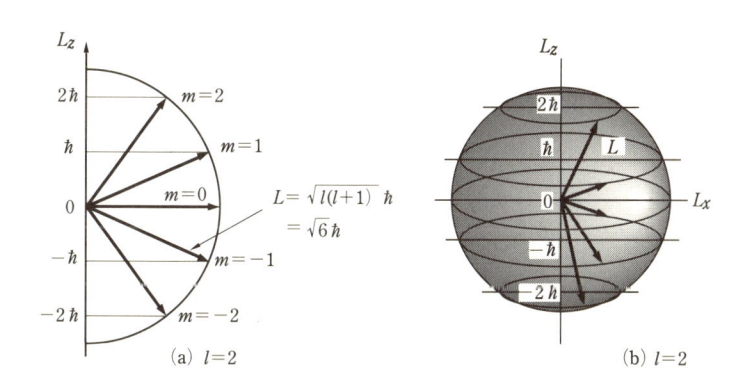

図 2-22 (a) 角運動量の大きさ L は $\sqrt{6}\hbar$ で、m の値によって方向が 5 つのどれかに決まるが、(不確定性により 1 点を指すことができないので) 完全に上を向くことはできない。
(b) たとえば、図の L は、コマの頭が揺れるように「揺れ動く」。不確定性があるからだ。その結果、L_z は常に $-2\hbar$ から $+2\hbar$ のどれかに定まっているが、L_x と L_y は常に変わり続け、L_x と L_y の平均値はゼロになる。

隊長「ふむ、回転軸はぶれない」
亜希子「そうよ、回転軸は回らない」
エルヴィン「でも、量子力学では、

$$\Delta L_x \cdot \Delta L_y \geq \frac{\hbar}{2} \langle L_z \rangle$$

という不確定性があるので、軸の方向は、古典力学みたいには決まらないんですよ」
隊長「くだらん質問ですまないが、L_z と $\langle L_z \rangle$ はどうちがうのだ？」
エルヴィン「あ、L_z は演算子なので、その固有値が $m\hbar$ で、期待値も同じですね」
隊長「つまり、L_z は演算子であって、$\langle L_z \rangle$ はふつうの数なのだな？」
エルヴィン「そうです」
隊長「じゃあ、

$$L_z = m\hbar$$

などという書き方は誤解を招くではないか」
エルヴィン「すみません。ときおり、表記をはしょることがあるのです。正確には、

$$L_z \psi_{nlm}(x,y,z) = m\hbar \psi_{nlm}(x,y,z)$$

とでも書くべきなのでしょうが」
亜希子「かえってわかりにくいわ」
隊長「これからは、どんどん、はしょってくれたまえ」
エルヴィン「(苦笑)了解しました」
隊長「今の例では、$L^2 = l(l+1)\hbar$ だから、角運動量 L の大きさは

$$L = \sqrt{l(l+1)}\,\hbar = \sqrt{2 \times 3}\,\hbar = \sqrt{6}\,\hbar \approx 2.45\,\hbar$$

なわけだな？」
エルヴィン「そうです」

隊長「ところが、L_z は、最大でも、

$$2\hbar$$

どまりでしかない」
エルヴィン「そうです」
隊長「つまり、軸は完全には z 方向を向くことができないのか？」
エルヴィン「それが不確定性の意味です。完全に z 方向を向いてしまったら、L_x と L_y も常にゼロになって、完全に決まってしまうでしょう。それは、不確定性原理から許されないのです」
隊長「学校に行っていたとき、水素原子の状態が 1s とか 2p とかいう表記があったように思うが……」
竹内薫「親父が学校に行ってたって、何十年前のことだい？」
隊長「ほっとけ！」
亜希子「s とか p ってなんなのよ」
竹内薫「軌道量子数 l が 0、1、2、3、4、5、6、……というかわりに s、p、d、f、g、h、i、……と呼ぶのさ。これは、もともと実験で見ていたスペクトル線の形状からきていて、

    s → sharp
    p → principal
    d → diffuse
    f → fundamental

という名前の頭文字だね。鋭い線、主な線、ぼやけた線、基本的な線、……」
亜希子「g、h、i は？」
竹内薫「f の次は g でその次は h……アルファベット順だろ」
隊長「なんていい加減な！」
亜希子「ほんと、あきれたわ。途中までは納得できたけど」
竹内薫「あれ？　エルヴィン、どこに消えた？」

スピンもあるでよ

さて、角運動量にも不確定性があるために、量子の場合、その成分が確定しないことがわかった。これは、太陽のまわりを回る地球の公転のイメージで比喩的に理解するならば、公転面が揺れ動いていることにあたる。ステンレスのお皿を机の上に投げると、カラカラカラと音をたてて、しばらく机の上で踊っているでしょう。あれです。お皿から、お子さまランチの旗のように棒が垂直に出ている様子を思い浮かべてください。すると、お皿が踊っているので、その旗の先端が指す方向（角運動量ベクトルLの方向）が、ちょうど円を描くように回るのです。もっとも、これは、あくまでも古典的なイメージなので、厳密には、角運動量ベクトルの向きは、観測するまでは決まっていないのですが……

と、ここまでくると、読者の頭の中には、素朴な疑問が浮かんでいるにちがいない。

素朴な疑問　公転にあたるのが軌道角運動量なら、自転にあたるものもあるのだろうか？

そうです。公転に対応して不確定な軌道角運動量があるのなら、当然、自転に対応する何かがあるはずだ。

実際、次のような対応関係が存在する。

古典力学	⟷	量子力学
太陽		原子核
地球		電子
地球の公転		電子の軌道角運動
地球の自転		電子のスピン

電子の「自転」のことを「スピン」と呼ぶ。ただし、このスピンの角運動量は、軌道角運動量のように、

$$L_z = xp_y - yp_x$$

というような形であらわすことはできない。

　地球の自転の場合なら、内部のコアからマグマを経て地殻にいたるまで、自転軸からの距離が異なるため、地球をつくっているすべての物質粒子について、その x 座標やら y 方向の運動量やらを計算して足すと、

$$\text{地球の自転角運動量}\quad s_z = \sum xp_y - yp_x$$

というふうに書くことができる。これは、いいかえると、自転軸からの距離 r にある粒子の運動量 p をかけたものを、すべての粒子について足すことにあたる。粒子が小さすぎて、連続体としてあつかうのであれば、和の記号 $\sum$ は積分記号 $\int$ に変えればいい。

　ところが、電子の「自転」の場合には、このような解釈はできなくなってしまう。なぜなら、電子には構造がないからだ。構造がないというのは、それより小さな部分に分解できない、という意味である。電子は「素粒子」なのだから、早い話、それより小さくはならない。だから、構造のないものが自転しているわけで、その構成部分の角運動量の和など計算できるはずもない。

| スピン | 構造のない素粒子が「自転」している状態 |

　電子に限らず、量子力学的な素粒子の「自転」については、抽象的な交換関係でしか性質をあらわすことができない。スピン角運動量の交換関係を、軌道角運動量の場合と並べて書いてみよう。

| 軌道角運動量 |　⟷　| スピン角運動量 |

$$[L_x, L_y] = i\hbar L_z \qquad\qquad [s_x, s_y] = i\hbar s_z$$

しつこいようだが、交換関係は、$[A, B] = AB - BA$ で定義される。また、スピン角運動量 s の大きさについては、軌道角運動量 L と同様に、

$$s^2 = s_x^2 + s_y^2 + s_z^2, \quad s^2 = m_s(m_s+1)\hbar^2$$

となる。m_s をスピン量子数といい、単にスピンとも呼ぶ。

交換関係は難しいのか？

　読者の多くは、交換関係というのが抽象的で「わかりにくい」と感じていることだろう。かくいう僕だって、生まれてはじめて交換関係に出くわしたときは、「本当かな？」と頭が？マークになってしまった。

　そもそも、量子力学が「何」かというのは説明が難しい。その理由の1つは、シュレディンガー流に微分方程式を解く流儀と、ハイゼンベルク流に行列の演算をする流儀が、一見、まったく別のことをやっているように見えるからだ。これは、おおまかにいえば、解析学でやるか、代数学でやるか、ということにほかならない。

　現実には、この2つの流儀に共通する抽象的な部分が、量子力学の本質なのであって、その本質を、どう見せるかは、趣味の問題でしかない。実際、現代数理物理学や素粒子論の最先端では、第3の流儀である「ファインマンの経路積分」というものを使うことがほとんどであり、シュレディンガー流とハイゼンベルク流は、どちらかというとナツメロ調というイメージのほうが強い。

　さて、それでは、その抽象的な本質とは何か、ということなのだが、その1つの答えが、「交換関係」だということができる。

　ところが、抽象的であるだけに、この交換関係は、わかりにくい。でも、どうしてわかりにくいのかを考えてみると、実は、われわれの頭が固くなっているからだということがわかる。つまり、小学校以来、われわれは、かけ算が交換することを徹底的に教育されてきたから、$A \times B = B \times A$ であることが自然だと思い込んでいるのだ。いいかえると、$[A, B] = AB - BA = 0$ が当たり前だと信じている。

　でも、それって、本当だろうか？

　順番を変えても答えが変わらないというのは、世間全般からみれば、とんでもないことです。

　たとえば、スカイダイビングで、飛行機から飛び降りた後にパラシュートを開くのと、順番を逆さにして、パラシュートを開いてから飛び降りたのとでは、結果がちがってくるでしょう（一方は恐ろしい結果につながる

……)。あるいは、駅まで歩いていくときに、角を右に曲がってから次の角を左に曲がるのと、順番を逆さにして、角を左に曲がってから右に曲がるのとでは、最終到達地点は同じにならない。

　そんなのは比喩であって、こじつけじゃないか、と思われるかもしれないが、道を曲がる話は、数学的には、回転の話なのであって、きわめてまともな例になっている。ちょっと古い話で恐縮だが、ルービックキューブというおもちゃが世界的に大流行したことがある。あのキューブをひねるとき、ひねる順番を変えても結果が同じだと思う人は1人もいないだろう。あのおもちゃも、数学的には、回転群という分野の問題として解くことができるのです。

　この本では、あまり、行列の話はしたくないのだが、1つの見方として、ふつうのかけ算が何なのか、例をあげておこう。3×4＝4×3＝12というのは、行列で書くと、

$$\begin{pmatrix} 3 & 0 \\ 0 & 3 \end{pmatrix} \begin{pmatrix} 4 & 0 \\ 0 & 4 \end{pmatrix} = \begin{pmatrix} 4 & 0 \\ 0 & 4 \end{pmatrix} \begin{pmatrix} 3 & 0 \\ 0 & 3 \end{pmatrix} = \begin{pmatrix} 12 & 0 \\ 0 & 12 \end{pmatrix}$$

という具合に、対角線に同じ数が並んでいる特別な行列だと考えられる。われわれは、その特別な事例だけをくり返し教わるので、交換することが当たり前だと勘違いをしている。だが、本当は、交換しないほうがふつうなのであって、量子力学では、まさに、そのふつうの状況があらわれているだけの話なのだ。

　こうやって、ちょっと周囲を見回してみるだけで、交換関係の（偽の）難解さが消えてなくなることがおわかりいただけただろうか？

スピンは2つの方向しかない

　一見したところ、スピンは、軌道角運動量と、ほとんど変わりがないように思われる。ところが、この2つのあいだには、きわめて大きなちがいがあるのだ。それは、軌道角運動量を決める軌道量子数lが「整数」であるのに対して、スピン角運動量を決めるスピン量子数m_sは「半整数」である点だ。電子の場合、なんと、

$$m_s = \frac{1}{2}$$

であり、スピンの z 成分は、

$$s_z = \pm \frac{1}{2}\hbar$$

になるのである。z 成分がプラス 1/2 の場合を「アップ（上向き）」、マイナス 1/2 の場合を「ダウン（下向き）」と呼ぶ。つまり、スピンの方向は、2つしかないのだ。古典的な描像で説明するならば、電子は、右回転（アップ）か左回転（ダウン）しかないということ。自転軸が横を向く中間状態など存在しないのである。

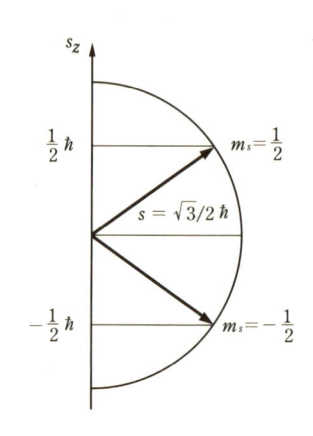

図 2-23 スピン

　スピンは、構造のない素粒子のもっている「自転」に似た性質ということで、量子力学に特有の現象で、古典力学には存在しないものです。
　このスピンの存在は、シュテルン＝ゲルラッハの実験と呼ばれる有名な実験で明らかにされた。電荷をもった電子が、まがりなりにも自転しているということは、磁場を形成しているということである（円電流によって磁場ができるから）。そのため、磁石でできた非均一な磁場のあいだを通ると、電子は、スピンの向きによって軌道が変わってしまう（円電流の向きによって磁石から受ける力が変わるから）。もしも、電子にスピンの性質

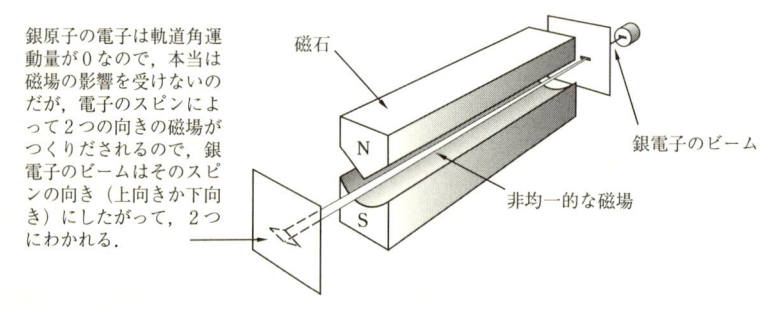

図 2-24　シュテルン＝ゲルラッハの実験
　　　　電子の軌道は2つに分かれた→スピンはアップかダウンかである

がなければ、磁石の磁場を通っても、電子の軌道は影響を受けないはずだ。

　もっとも、軌道角運動量があるのだから、「自転」角運動量もあってしかるべきだろう。誰でも考えそうなことだが、最初に考えたクローニッヒという物理学者は、当時の物理学界の大御所であったパウリに滅茶苦茶にけなされ、意気消沈して、自分の考えを発表するのをあきらめてしまったそうである。

シュレ猫談義

亜希子「スピンって、大きさが 1/2 に決まってるの？　さっきの軌道角運動量のところで、不確定性のために軸は決まった方向を向かないとか、z 成分の最大値が角運動量の値よりも小さいとかあったわよね」

竹内薫「ここでやったのは電子のスピンだ。このほかにも、たとえば光子のスピンは、1/2 ではなくて 1 であることがわかっている」

亜希子「混乱するわね。スピンは半整数ってどういう意味なの？」

竹内薫「整数というのは、0、1、2、3、……ということだよね。半整数というのは、1/2、1、3/2、2、5/2、……ということ」

亜希子「半整数というのは、1/2、2/2、3/2、4/2、5/2、……」

竹内薫「そうだね。整数を 2 で割ったもの」

亜希子「電子のスピンが 1/2 で、それが素粒子の一番小さなスピンということ？」

竹内薫「そうです。電子だけでなく、電子の親戚の素粒子であるミューオンとか、中性で電荷をもたないニュートリノとか、さらには陽子や中性子をつくっているクォークとか……物質をつくっている素粒子の大部分は、スピンが 1/2 だね」

亜希子「なるほど。それに対して、スピンが 1 の光子や……あとはなんだっけ」

竹内薫「弱い力の素になっているウィークボソンや、クォークどうしを糊のようにつなぎとめているグルーオンは、スピンが 1 だね。つまり、力の素は、スピンが 1 で、物質の素は、スピンが 1/2 というわけさ」

亜希子「ふうん、前に出てきた表のフェルミオンという名前がついた素粒子が物質の素で、ボソンという名前がついた素粒子が力の素なんだ」

$$\text{素粒子} \begin{cases} \text{フェルミオン……スピン 1/2} \\ \text{ボソン……………スピン 1} \end{cases}$$

竹内薫「m_s が 1/2 なのだから、当然のことながら、スピン角運動量 s の大きさは角運動量 L と同様に、

$$s = \sqrt{\frac{1}{2}\left(\frac{1}{2}+1\right)}\,\hbar = \sqrt{\frac{3}{4}}\,\hbar = \frac{\sqrt{3}}{2}\hbar$$

となる。一方、スピン角運動量の z 成分は、

$$s_z = \pm\frac{1}{2}\hbar$$

となって、やはり、不確定性のために、$\sqrt{3}\hbar/2$ にはならないんだ」

亜希子「ええと、電子のスピンを独楽にたとえるならば、回し方がヘタで、独楽の回転軸がくるくると旋回しているような状態かなぁ」

竹内薫「そうだね。電子の回転軸が旋回しているようなイメージだね。旋回していて方向が定まらないから、スピンの x 成分と y 成分が不確定になるんだ」

忘れたころにトンネル効果

　この本の最初のほうで、トラックが煉瓦塀に突っ込んでゆくと幽霊のように通り抜けてしまう例をあげたが、いよいよ、実際にその確率を計算する。といっても、トラックは計算が（とんでもなく）難しいので、量子が壁に突っ込む場合を計算してみます。いわゆる「1次元障壁」の問題である。障壁は英語では barrier（バリアー）。ウルトラマンごっこでスペシウム光線を浴びると怪獣役の子供が「バリアー」と叫んで倒れまいとする。あのバリアーである。

　バリアーの高さを V とする。これは、ポテンシャルの大きさのこと。位置エネルギーが高いところに行くのが大変なように、量子もポテンシャルの壁を超えるのは大変なのだ。そこに左からエネルギー E をもった粒

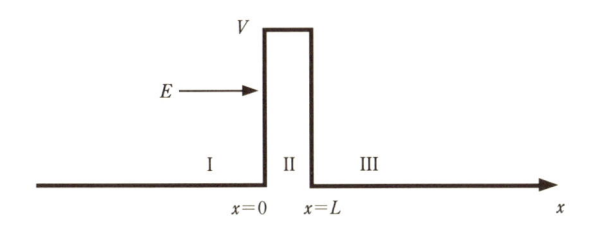

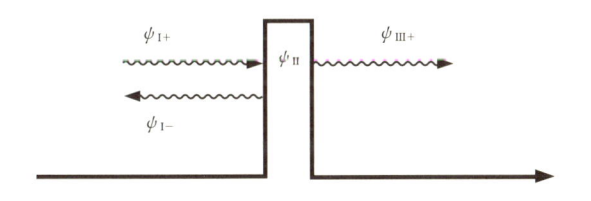

図2-25 トンネル効果

子が飛んでくる。左のポテンシャルがゼロの領域を I、真ん中のバリアーの領域を II、右のポテンシャルがゼロの領域を III と呼ぶことにする。

問題は、それぞれの領域における波動関数を境界において、「うまくつなぐ」ことである。波動関数を2乗すると粒子の存在確率になるわけだから、それが途中で断絶したりしてはいけない。波は空間全体にスムーズに拡がらなくてはいけない。そのためには、図の $x=0$ のところと $x=L$ のところで、波動関数がつながるだけでなく、その傾きも一緒にならなくてはいけない。カクッと折れ曲がってはいけないわけ。1点における傾きとは、ようするに微分のことである。

だから数学的には、境界において、波動関数とその微分がともに一致しないといけない。

それぞれの領域の波動関数は、

$$\psi_I = Ae^{ikx} + Be^{-ikx}$$
$$\psi_{II} = Ce^{iKx} + De^{-iKx}$$
$$\psi_{III} = Fe^{ikx}$$

と書くことができる。波数 k を使ったが、もちろん、運動量をディラッ

クの $h(\hbar)$ で割ったものである。真ん中の領域は、ポテンシャルの影響があるので、大文字の K にしてある。それぞれの領域で、最初の項が右へ進む波。指数関数の肩の符号がマイナスの場合は、左へ進む波。

あれ？　領域 III には、左へ進む波がないぞ！

なぜなら、ポテンシャルの表面($x=0$ と $x=L$)では、粒子が跳ね返ることはあるが、右に突き抜けた粒子は、そのまま右方向へ進んでいくだけで戻ってこないからである。だから、左へ跳ね返る部分に相当する波動関数はない。

波数の k は、詳しく書くと、43 ページの $p=\hbar k$ と、$E=p^2/2m$ より、

$$k=\frac{p}{\hbar}=\frac{\sqrt{2mE}}{\hbar}$$

である。これは、領域 I と III の波動関数を、86 ページのシュレディンガー方程式、(ここでは $V=0$)

$$\frac{\partial^2 \psi}{\partial x^2}+\frac{2m}{\hbar^2}E\psi=0$$

に代入してみればわかる。同様に、領域 II の波数 K は E の部分が、$E-V$ となって

$$\frac{\partial^2 \psi}{\partial x^2}+\frac{2m}{\hbar^2}(E-V)\psi=0$$

に波動関数を代入して、

$$K=\frac{p}{\hbar}=\frac{\sqrt{2m(E-V)}}{\hbar}$$

である。

さて、いよいよ、バラバラの波動関数を境界でスムーズにつないでみる。まず、$x=0$ における境界条件から、

$$\psi_\mathrm{I}=\psi_\mathrm{II}$$

$$\frac{\partial \psi_\mathrm{I}}{\partial x}=\frac{\partial \psi_\mathrm{II}}{\partial x}$$

が必要だ。上の式が、波動関数がつながる条件。下のほうが、波動関数の

傾きが一致する条件。

　同様に、$x=L$ の境界条件は、

$$\psi_{\mathrm{II}} = \psi_{\mathrm{III}}$$

$$\frac{\partial \psi_{\mathrm{II}}}{\partial x} = \frac{\partial \psi_{\mathrm{III}}}{\partial x}$$

となる。

　この4つの境界条件の式にそれぞれの領域の波動関数を入れてやると、当然のことながら、4つの1次方程式になる。

　だが、ちょっと待てよ。決めなくてはいけない係数は、A、B、C、D、F の5つではなかったか？ それなのに、境界条件は4つしかない。1次方程式が4つなのだから、未知数は4つまでしか決まらないだろう。素朴な疑問だ。

　いや、実際、この条件だけでは、係数は決まらないのである。

　だが、今は、係数の「比」が求まれば充分なのだ。なぜなら、粒子が幽霊のごとくバリアーを通り抜ける確率を求めればいいわけで、その確率は、

$$\left|\frac{F}{A}\right|^2$$

だからである。バリアーを通り抜けて右へ進み続ける波とバリアーの左から突っ込んでいった波との振幅の比である。

　さて、ここからの計算は、退屈なだけなので、はしょってしまって、結論だけ書くと、

$$\left|\frac{F}{A}\right|^2 \approx e^{2iKL}$$

となります(ただし、途中で2つの近似を使った。ポテンシャルが入射エネルギーよりも充分に大きくて、バリアーのある領域の長さ L も充分に大きいとした)。この波動関数を描くと図2-26のようになり、バリアーを通ったあとの波の振幅は小さくなっている。

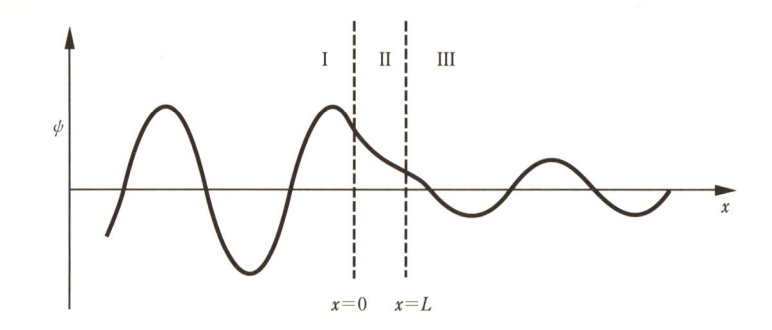

図 2-26　トンネル効果の波動関数

シュレ猫談義

亜希子「怪獣ごっこのバリアーって、ちょっと古くない？」

竹内薫「そうかなぁ」

隊長「スムーズにつなぐって、もっと専門的な言い方ないのか？　なんだか馬鹿にされているみたいじゃないか」

竹内薫「波動関数が境界のところで途切れていたり、カクッと折れていたりしてはダメなんだ。滑らかにつなぐには、ψ と ψ の微分の両方が同じでないといけない」

亜希子「ψ の値が一致するのは、途切れていないってことね？」

竹内薫「そう」

亜希子「ψ の微分というのは、もっとちゃんというと導関数ということだから、ようするに境界点での傾き……だから、傾きが一致するから、折れていないことが保証されるのね？」

竹内薫「そのとおり」

亜希子「それにしても、幽霊みたいにすりぬける確率、っていわれて計算を見せられても、全然、イメージがわかないわよ」

竹内薫「うーむ、数値を入れてみますか？」

亜希子「当たり前でしょ」

竹内薫「わかりもうした」

隊長「その前に、素朴な疑問があるんだが」

竹内薫「はいはい、なんでもどうぞ」

隊長「途中の式でな、

$$K = \frac{p}{\hbar} = \frac{\sqrt{2m(E-V)}}{\hbar}$$

とあるが、真ん中の領域ではポテンシャル V のほうがエネルギー E よりも大きいからこそ、障壁というのではないのか？」

竹内薫「そうですよ」

隊長「それだと、平方根の中がマイナスになってしまうだろう」

竹内薫「ああ、説明するのを忘れていた……たしかに、マイナスになるのです。だから、ちゃんと書くと、

$$K = \frac{\sqrt{-2m(V-E)}}{\hbar} = \frac{\sqrt{2m(V-E)}}{\hbar} i$$

と虚数になりますね」

隊長「なるほど、虚数単位の i というのは、2乗するとマイナス1になる数だから、

$$i = \sqrt{-1}$$

というわけか」

竹内薫「そうです」

亜希子「1つ、素朴な疑問があるわ」

竹内薫「なんだい？」

亜希子「ここにも出てきたけど、シュレディンガー方程式にも、虚数 i が出てくるわね」

竹内薫「ああ」

亜希子「でも、虚数って、なんだか存在感が薄いのよ……非現実的な数というイメージをぬぐい去ることができないわけ」

竹内薫「そうか……カルダノの公式の話をしようか」

亜希子「カルダノの公式？」

竹内薫「そう、まず、2次方程式の解の公式から復習しよう。

$$ax^2+bx+c=0$$

の解はどうなるんだっけ？」

亜希子「馬鹿にしないでよ。それくらい覚えているわ。

$$x=\frac{-b\pm\sqrt{b^2-4ac}}{2a}$$

でしょ。あ、何がいいたいのかわかっちゃった」

竹内薫「ほぉ、なんだい？」

亜希子「ルートの中で、b^2よりも $4ac$ のほうが大きくなったら、虚数になるっていうんでしょ？」

竹内薫「なかなか、勘がいいじゃないか。グラフに描くと、図 2-27 のように $y=ax^2$ のグラフと $y=-bx-c$ のグラフが交わらないとき、ルートの中は虚数になるわけだ」

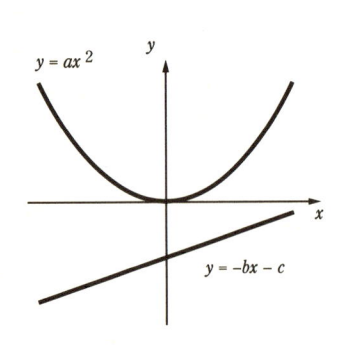

亜希子「だから、解が存在しないということでしょ？ 虚数は、やはり、虚（うそ）の数なんだわ」

竹内薫「ふふふ、甘いね」

亜希子「なによ、不気味な笑いを浮かべて」

竹内薫「3 次方程式になると、そういう考えでは通用しなくなるからさ」

亜希子「3 次方程式？」

図 2-27　交わらないグラフ

竹内薫「3 次方程式は、一般に、次のような形に書くことができる。

$$x^3=3px+2q$$

2 次の項は、変数変換でなくすことができるからここには出てこない」

亜希子「ちょっと引っかかるけど、後で考えてみるから先へ進んで」

竹内薫「3 次方程式の解の公式は、カルダノの公式と呼ばれていて、

$$x=\sqrt[3]{q+\sqrt{q^2-p^3}}+\sqrt[3]{q-\sqrt{q^2-p^3}}$$

となるのだ」
亜希子「ヘェ、知らなかったわ。どうして学校で教わらなかったのかしら」
竹内薫「面白いことは、教科書でなく、副読本を読め、ということかもね」
亜希子「あのね」
竹内薫「2次方程式とちがって、今度は、グラフは交わるのに、虚数が出てきてしまうことがある。たとえば、

$$x^3 = 15x + 4$$

という方程式の場合、グラフは交わるから解は存在する。だけど、その解は、

$$x = \sqrt[3]{2 + 11i} + \sqrt[3]{2 - 11i}$$

となって、虚数が出てくるのだ。虚数が出てくるのだから、解は存在しないんだろう?」
亜希子「???」
竹内薫「まあ、これは、ボンベーリという人が、合理的な解決策を考え出したんだけどね。虚数の演算を真剣に考えた結果、ボンベーリは、

$$\sqrt[3]{2 \pm 11i} = 2 \pm i \quad \therefore \quad x = (2+i) + (2-i) = 4$$

だという結論に達した」
亜希子「話が見えないわ」
竹内薫「グラフが交わるにもかかわらず虚数が出てきたから、当時の人は、虚数の計算規則を無視できなくなったのさ。今でこそ、

$$(2+i)^3 = 2^3 + 3 \times 2^2 i + 3 \times 2 i^2 + i^3 = 2 + 11i$$

となって、当たり前の話に思えるけど、

$$i^2 = -1$$

という規則を導入しないかぎり、矛盾は解消されなかったんだよ。これぐも、虚の数だと思うかい?」
亜希子「ナルホド。虚数の計算を認めないと、グラフは交わるのに解が存在し

ない、という矛盾が生じるのね」

隊長「わかった、わかった、虚数がないとうまくいかないということだ。わしは、最初から、疑問など抱いておらん……話を元に戻していいか？」

竹内薫「どうぞ」

隊長「障壁（領域II）の中の波動関数は、指数関数になるわけか」

竹内薫「よくわかっているじゃありませんか」

隊長「たとえば、 $K=iS$ と書いてみると、

$$\psi_{II} = Ce^{-sx} + De^{sx}$$

となるから、指数関数的にゼロに近づく第1項と指数関数的に大きくなる第2項があることになるが？」

竹内薫「ま、計算しなくても、物理的に考えて、透過する割合は1より小さいはずなので、障壁を通り抜けた波のほうが最初の波よりも振幅が小さいはずでしょう？」

隊長「そりゃあ、そうだ。邪魔されて苦労して通り抜けるんだから、途中で波は小さくなってしまうだろう。振幅が小さければ、そこで粒子が発見される確率も低くなる」

竹内薫「ということは、障壁の中で、振幅が指数関数的に減衰することはあっても、指数関数的に増大しては困る」

隊長「係数の D は、ほとんどゼロでしかありえないわけか」

竹内薫「そういうことですね」

亜希子「イメージがつかめていないんだけど」

竹内薫「ええい、思いつきで計算してみようじゃないか。たとえば、重さが1gでエネルギーが1J（ジュール）でポテンシャルの大きさが2Jで長さは1mm なんてのはどう？」

亜希子「計算は得意なのよ。暗算でできそうね」

隊長「……」

竹内薫「……」

亜希子「やだ、凄く小さくない？　だいたい $1/e^{9 \times 10^{29}}$ だわ」

隊長「ちょっと聞くが、どうやって計算したのだ？」

亜希子「ふふふ、女は男より計算が得意なものよ」
隊長「?」

計算：$J=kg・m^2/s^2$ や、$1000\,g=1kg$ や、$1000\,mm=1m$ であることに注意すれば、指数関数 e^{2iKL} の肩の部分は無次元になる。$K=\sqrt{2m(E-V)}/\hbar$ なので、分子は、$2×10^{-3}×\sqrt{0.002}\,iJ・s$、分母は、ディラック定数の値、$1.055×10^{-34}\,J・s$ である。$\sqrt{0.002}$ は、$2×\sqrt{5}×10^{-2}$ であるから、中学で語呂で覚えた、

$$\sqrt{5}=2.2360679\cdots\cdots(富士山麓（さんろく）鸚鵡（おうむ）鳴く)$$

を使えば、概算ができる。自然対数の底 e は、

$$e=2.718\cdots\cdots$$

なので、透過確率は、実質的にゼロだが、完全にゼロではない。

　エネルギーが eV（エレクトロン・ヴォルト）の桁の電子になると、どうなるか、考えてみてください。
（ヒント：たとえば、ポテンシャルの高さが $5\,eV$ で、入射エネルギーが $2\,eV$ でポテンシャルの幅が 0.5 ナノメートルだとすると、透過確率は、だいたい、1万分の1くらいになる。1ナノメートルは、10^{-9} メートルにあたる。電子は $m=0.511\,MeV/c^2=9.11×10^{-31}kg$ であることに注意。）

第3章
デザートで口なおしをする
—量子論余話

　この章ではシュレディンガー方程式とは別の観点から、さまざまな量子力学の姿に触れてみたい。そうですね、イタリア料理のメインディッシュを堪能したあと、デザートの盛り合わせを注文するような感じでしょうか。あるいは、ぶらりと動物園に散歩に出かけるようなイメージかもしれない。

　量子力学の動物園見物ということで、気楽に楽しんでいただきたい。

3.1. もう1つの量子力学

ディラックのブラケット

　量子力学を深く理解するためには、ディラックの教科書を読むのが一番だといわれる。量子力学のバイブルというわけである。それは、今でも変わらない。

　なぜ、ディラックの教科書がいいのか？

　それは、ディラックの教科書が量子力学の「根本精神」をとらえているからにほかならない。

　さて、そのディラックの精神にちょっとでも近づくために、「ディラックの記法」と呼ばれるものを導入する。これは、初歩的な教科書にはあまり出てこないし、おそらく、学校の試験でもお目にかからないことと思うが、原理的な話をするのには便利で欠かせない。

ディラックの記法では、この本の冒頭に出てきた無次元空間のベクトルという概念が表に出る。といってもわかりにくいと思うので、まず、ふつうの数ベクトルの話からはじめて、アナロジー（類推）で無次元空間のベクトルを感じ取ってもらうことにしよう。

その前に、これまで出てきた波動関数 ψ とディラックの記法との関係から。

まず、シュレディンガー方程式は、

$$i\hbar \frac{\partial}{\partial t}|\psi\rangle = H|\psi\rangle$$

というような形になる。何が変わったかというと、ψ が $|\ \rangle$ の中に入っただけ。なんだ、くだらない、と思われるかもしれないが、まあ、お待ちあれ。これだけではなく、次のような関係がある。

```
シュレディンガー流   ディラック流
      ↓              ↓
```

$$\int \psi^* \varphi \, dx = \langle \psi | \varphi \rangle$$

$$\int \psi^* A\varphi \, dx = \langle \psi | A | \varphi \rangle$$

どうでしょう。左のかっこと右のかっこが積分をあらわしているらしい。そして、左のかっこは、複素共役(ふくそきょうやく)をあらわしているようだ。この奇妙な「かっこ」のことを「ディラックのブラケット記法」と呼んでいる。左のかっこを「ブラ」と呼び、右のかっこを「ケット」と呼ぶ。英語で「かっこ」のことを bracket（ブラケット）という。シャレですな。

| ブラ | $\langle \ |$ |

| ケット | $|\ \rangle$ |

この記法を使えば、固有値方程式、

$$A\psi_n = a_n \psi_n$$

は、やはり、ほとんど形が変わらずに、

$$A|\psi_n\rangle = a_n|\psi_n\rangle$$

と書くことができる。

　さて、図3-1をご覧いただきたい。ふつうの数ベクトルと量子力学の空間のベクトル(ディラックのケット)を対比してある。話を簡単にするために2次元にしてあるので、軸は2つしかない。実際は、フェルミオンの場合は、このままの2次元だが、ボソンの場合は、次元が無限個になる。それでも、数が増えるだけで、本質的なことは変わらないから、2次元の場合だけ説明する。

　もっとも、説明といっても、ふつうのベクトルとケットの関係は、ほとんど並行的なので、単に記法を比べるだけで理解してもらえると思う。ベクトルの基本的性質を列記してみる。

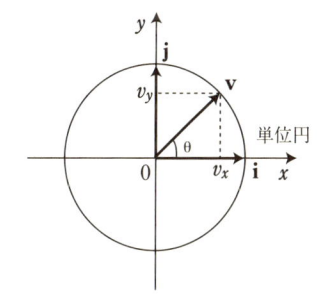

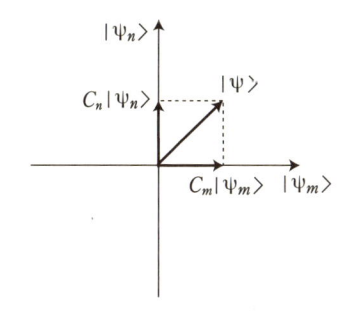

ふつうの2次元空間の任意のベクトルは2つのベクトルの和であらわされる．

$$\mathbf{v} = v_x\mathbf{i} + v_y\mathbf{j}$$
$$v_x = \mathbf{i}\cdot\mathbf{v} = |\mathbf{i}||\mathbf{v}|\cos\theta = \cos\theta$$
$$v_y = \mathbf{j}\cdot\mathbf{v} = |\mathbf{j}||\mathbf{v}|\sin\theta = \sin\theta$$

無限次元空間における状態ベクトルも状態ベクトルの和（重ね合わせ）であらわされる．

$$|\psi\rangle = C_m|\psi_m\rangle + C_n|\psi_n\rangle$$
$$C_m = \langle\psi_m|\psi\rangle$$
$$C_n = \langle\psi_n|\psi\rangle$$

・軸の数は無限にたくさんあり，離散的である必要はなく連続的でもよい．
・スピンの場合

$$|\uparrow\rangle = |\psi_m\rangle$$
$$|\downarrow\rangle = |\psi_n\rangle$$

となって，図のように2次元である．

図3-1　ベクトル空間

　　　　ふつうのベクトル　　　　　　量子力学のベクトル
$$v = i(i\cdot v) + j(j\cdot v)$$
$$|\psi\rangle = |\psi_m\rangle\langle\psi_m|\psi\rangle + |\psi_n\rangle\langle\psi_n|\psi\rangle$$
$$(i\cdot j) = \cos(\pi/2) = 0$$
$$\langle\psi_m|\psi_n\rangle = 0$$
$$(i\cdot v)^2 + (j\cdot v)^2 = \cos^2\theta + \sin^2\theta = 1$$
$$|\langle\psi_m|\psi\rangle|^2 + |\langle\psi_n|\psi\rangle|^2 = 1$$

　最初の式は、任意の単位ベクトル v を2つの独立した方向に分解したもの。真ん中の式は、その2つの独立したベクトルどうしが直交していること。おしまいの式は、「完全性」といって、2つのベクトルで任意のどのようなベクトルもあらわすことができるための条件になっている。

　2次元以上の場合、ふつうのベクトルだったら、i、j、k、……と増やしていけばいい。量子力学の場合だったら、添え字をどんどん増やしていけばいい。話は同じです。

ボームの量子ポテンシャル

　デビッド・ボーム（1917〜　）は学問的な業績もさることながら、波瀾万丈の人生を送ったことでも知られる。

　1951年、原爆の父、ロバート・オッペンハイマーの弟子として、前途洋々たる若き物理学者は、プリンストン大学の助教授の職にあった。しかし、突如、解任され、国を追われたのだった。10月の嵐の日、ボームは単身、ブラジルへ向けて飛行機に搭乗した。「非国民」のレッテルを貼られたボームは、アメリカから出た瞬間、アメリカ市民としてのすべての権利を剝奪され、事実上の国外追放に処せられたのである。

　当時のアメリカは、マッカーシー上院議員らによるレッド・パージ（反共産主義運動）の嵐が吹き荒れており、左翼的な思想傾向をもっているという理由だけで、ハリウッドの著名な俳優や監督でさえ国外追放の憂き目を見た時代だった。

　「Xという名のスパイがソ連に核の秘密を手渡した」

　そんな根も葉もない噂がもとになり、オッペンハイマーは失脚し、その弟子の中でも左翼的な思想傾向をもっていたボームがマッカーシー上院議員派の標的となった。当時、FBIは、スパイXが1枚のメモ用紙に書か

れた秘密の公式をソ連側に手渡した、と考えていたのだという。

　今から考えれば、これは、一種の集団ヒステリーなのであり、そもそも、核兵器の秘密が1枚のメモ用紙になど書けるはずもない。核兵器の製造技術には、さまざまなノウハウが必要であり、1つの公式にまとめられるわけがない。

　むろん、核の公式は存在する。それは、質量とエネルギーが等価であること、つまり、質量 m をエネルギー E に転化できることを意味する、アインシュタインの

$$E = mc^2$$

という公式である（c は光速）。

　だが、この公式は世界中の物理学者が知っていたわけで、秘密でもなんでもない。

　ボームが反アメリカ的な行為をしたという証拠は何もなかった。だが、アメリカは、この世界一の頭脳をもった若き物理学者を追放してしまった。

　ボームは、ブラジルなどを転々としたあと、最終的にイギリスに渡り、量子力学の分野で数々の業績をあげたが、その1つが、ここでご紹介する「量子ポテンシャル」の方法である。

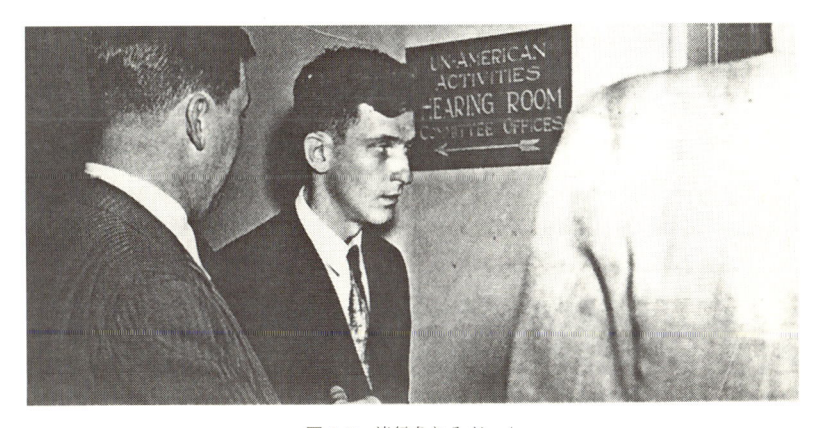

図3-2　連行されるボーム

シュレ猫談義

亜希子「量子ポテンシャルって、題名だけ見ただけで、なんだか難しそう」

竹内薫「そんなことはないよ。シュレディンガー方程式のところで、ポテンシャル V として、

$$V = \frac{1}{2} kx^2$$

というのが出てきただろう？ 調和振動子の例だね。同様に、水素原子の場合は、クーロンのポテンシャルだから、

$$V = -\frac{e^2}{r}$$

と書くことができる。これらは、ポテンシャルの例だ」

亜希子「量子ポテンシャルというのは？」

竹内薫「量子ポテンシャルは、実は、シュレディンガー方程式に含まれている。ただ、ふつうの方法では、それが表だって見えないんだ。そこで、量子ポテンシャルが見えるように、シュレディンガー方程式を書き直してみよう。

$$i\hbar \frac{\partial}{\partial t} \psi = \left(-\frac{\hbar^2}{2m} \frac{\partial^2}{\partial x^2} + V(x) \right) \psi$$

ここで少し細工を施すんだ。波動関数を $R(x,t)$ と $e^{iS/\hbar}$ に分けて

$$\psi = R e^{iS/\hbar} = \underbrace{R \cos \frac{S}{\hbar}}_{(実数部)} + \underbrace{iR \sin \frac{S}{\hbar}}_{(虚数部)}$$

とする。R は実数で、波動関数の ψ の絶対値です（$R = |\psi|$）。前にも出てきたけれど、

$$(e^{iS/\hbar})^* (e^{iS/\hbar}) = 1$$

なので、絶対値は 1 です。

さて、この ψ をシュレディンガー方程式に代入すると、方程式は、

$$\frac{\partial S}{\partial t} + \frac{1}{2m} \left(\frac{\partial S}{\partial x} \right)^2 - \frac{\hbar^2}{2mR} \frac{\partial^2 R}{\partial x^2} + V = 0$$

$$\frac{\partial R^2}{\partial t} + \frac{1}{m}\frac{\partial}{\partial x}\left(R^2\frac{\partial S}{\partial x}\right) = 0$$

と2つになる。一見、複雑そうだけど、単に ψ を実数部と虚数部に分けて、シュレディンガー方程式に代入し、虚数部と実数部をそれぞれ比べただけ」

亜希子「なにこれ。なんだか、難しくなっただけみたい」

竹内薫「方程式が難しくなったぶん、解釈はカンタンになるんだよ。ほら、前に、

$$\psi = A e^{i(kx-\omega t)}$$

という形を書いただろう。今やっていることは、それに似ていて、そうだね、ドゥブロイの関係を思い出せば……」

エルヴィン「ドゥブロイの関係式というのは、

$$E = \hbar\omega, \quad p = \hbar k$$

でしたね」

竹内薫「ありがとう、エルヴィン。これを使うと、

$$\psi = A e^{i(px-Et)/\hbar}$$

と書くことができるので、

$$\psi = R e^{iS/\hbar}$$

と比べれば、ほとんど同じ恰好であることがわかる。ただし、係数 A は定数で複素数なのに対して、R は x と t の関数で実数だけど……とにかく、この対応関係を考えれば、$S = px - Et$ から

$$\frac{\partial S}{\partial t} = -E$$

$$\frac{\partial S}{\partial x} = p = m\dot{x}$$

であることも推理できるだろう」

亜希子「S はなに？」

竹内薫「とりあえずは、意味は知らなくてもいいのだけれど、専門的には、"作用"と呼ばれている」

亜希子「作用？」

竹内薫「さよう」

亜希子「……」

エルヴィン「解析力学をやらないとちゃんと説明できないのですね。でも、ここでは、そういうつながりは必要ないので、単に、波でいう位相（ずれ）の部分だと考えておいてください」

隊長「うむ、作用はおいておいて……ということは、

$$\underbrace{\frac{\partial S}{\partial t}}_{-E} + \underbrace{\frac{1}{2m}\left(\frac{\partial S}{\partial x}\right)^2}_{p} - \frac{\hbar^2}{2mR}\frac{\partial^2 R}{\partial x^2} + V = 0$$

という、前のややこしい形の方程式は、単に、

$$E = \frac{p^2}{2m} + V - \frac{\hbar}{2mR}\frac{\partial^2 R}{\partial x^2}$$

となって、全エネルギーが運動エネルギーとポテンシャルエネルギーの和……あれ？　最後に余分な項があるな」

竹内薫「そうです。この余分な項が量子ポテンシャルと呼ばれているもので、

$$Q = -\frac{\hbar^2}{2mR}\frac{\partial^2 R}{\partial x^2}$$

と書く。これがボーム流の量子力学の核心なのだ」

亜希子「ボーム流？　でも、シュレディンガー方程式はそのままで、単に波動関数を実数部と虚数部に分けて書いただけじゃないの」

竹内薫「そうだよ。だから、量子力学に変更を加えたわけじゃない。でも、こうやって書き換えると、たとえば電子や光子が2つのスリットを同時に通り抜ける、といった頭の痛くなる状況が明快に理解できるのさ」

亜希子「明快にね、いいわ、続けてちょうだい」

竹内薫「ボーム流の解釈では、量子力学は、波動または粒子ではなく、波動と粒子になる。その様子を図示してみよう」

亜希子「ナルホド。シュレディンガー流では、最初に電子を発射したときは粒

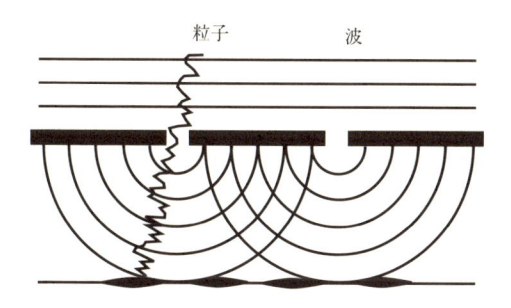

図3-3 波動か？ 粒子か？

子なのに、途中は波動で、スリットを通り抜けるときも波動で、最後にフィルム面にぶつかるときは点だから粒子……波動になったり粒子になったり……それに対して、ボーム流ではその波動関数の核である S について、

$$\frac{\partial S}{\partial x}=p=m\dot{x}$$

という式が粒子の速度をあらわしているから、波動関数 ψ の中で波動も粒子も共存すると解釈されるわけね」

竹内薫「そうだね。ボームの解釈では、電子は海の波によって運ばれる小舟のようなイメージなので、電子は、常に粒子であり続ける。潮流によって小舟が運ばれるように、ψ が電子を運ぶ。案内人(pilot)という意味で、ψ のことをパイロット波と呼ぶ。ただし、最初に電子を発射するときに、不確定性原理によって、位置と速度の両方は正確に決められないから、古典力学のように刻々と電子の軌跡を計算することはできない」

隊長「シュレディンガー流では、電子は波動になったり粒子になったりするのに対して、ボーム流では、電子は粒子のままで、その周囲に波動があるわけか」

エルヴィン「あの、お言葉ですが、やはり、シュレディンガー流というのは語弊があるかと……」

隊長「なぜだ?」

エルヴィン「なぜなら、シュレディンガーは、どちらかというと、ボームのように実在的な解釈をしていたからです」

竹内薫「そうなんだ。これまでシュレディンガー流と呼んできたのは、正確には、コペンハーゲン解釈といって、デンマークの物理学者ボーアやドイツのマックス・ボルンやハイゼンベルクらが確立した解釈なんだよ。電子が波動の性質を示したり粒子の性質を示すことを二重性とか双対性、英語ではduality（デュアリティ）というんだけど粒子と波動の二重性に確率解釈をからめたものをコペンハーゲン解釈といって、電子の実在は論じない。それに対して、アインシュタインやシュレディンガーやドゥブロイやボームらは、電子の軌跡が存在する、という実在解釈を主張した」

亜希子「で、早い話、どちらの解釈が正しいの？」

竹内薫「アインシュタインやシュレディンガーやドゥブロイは失敗したが、ボームは実在解釈に成功した。だから、現代では、両方とも正しいんだよ」

実在論 (realism)	実証論 (positivism、観測重視)
アインシュタイン	ボーア
ドゥブロイ	ボルン
シュレディンガー	ハイゼンベルク
ボーム	

隊長「よくわからんな。たとえば、国語の試験問題なら、○×式に正しい解釈が決まるだろう。今の場合も、どちらかが正しいはずだ」

竹内薫「親父、物理学に必要なのは、理論計算による予測値と実験値が合うことであって、それ以上でもそれ以下でもない。理論のもつ意味については、いろいろな解釈が成り立つんだよ。特に、何が実在していると考えるかは、それこそ、物理学者の数だけの解釈があるといわれているくらいだ……それに、国語の解釈だって、ふつうは一通りには決まらないと思うけど」

亜希子「あの、量子ポテンシャルとやらはどこへいったの？」

竹内薫「コペンハーゲン解釈では、波動関数がポテンシャル V の影響を受けるだけだったが、ボーム流では、電子の軌跡は、ポテンシャル V に量子ポテンシャル Q が付け加わった影響を受けるんだ。だから、前にやったトンネル効果の場合も、ψ が V にぶつかるのではなく、粒子である電子が $(V+Q)$ にぶつかるのだと考える。図をご覧よ。

V は常に入射エネルギーよりも高いから、古典的には通り抜けられない。だからこそ、トンネル効果という名前がついている。でも、ボーム流に考えれば、うまいタイミングで発射すれば、$(V+Q)$ のほうが粒子のエネルギーよりも低くなるから、粒子は通り抜けることが可能になる」

亜希子「うまいタイミング?」

竹内薫「そう。でも、不確定性原理によって、発射時の位置と速度が両方は正確に決められないから、結局、確率的にしかうまくいかないのさ」

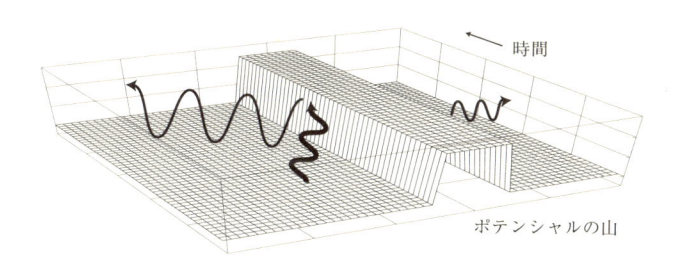

図 3-4　ポテンシャル V だけを図示したもの。図は時間とともにポテンシャルがどう変化するかを示している。つまり、x 軸に平行に、ある時間のところでナイフを入れたら、その切り口の形が、その時間のポテンシャルの形ということ。V は時間に対して一定

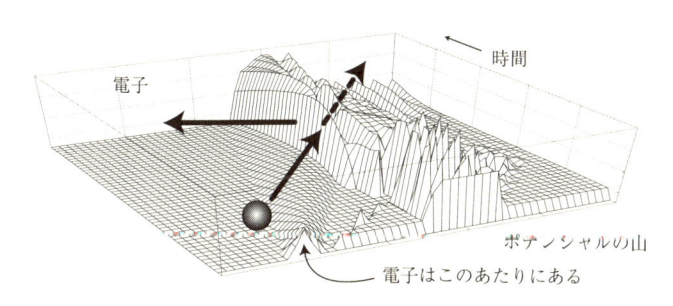

図 3-5　$V+Q$ を図示するとこうなる。x 軸に平行に、うまい時間にナイフを入れてみると、その切り口の形は、V よりも乱れて、高さも低いことがある。量子のエネルギーが $V+Q$ よりも大きければ、直観的にも通り抜けられることがわかる

> 「波または (or) 粒子」ではなく、「波と (and) 粒子」とはどういうことでしょうか？　標準的な解釈では、電子は波に見えたり、粒子に見えたりします。これは、どこか、気持ち悪い・・・。ボームの解釈は、ある意味で、かぎりなく古典的な描像に近い解釈で、電子は、あくまでも粒子でしかありません。ですが、量子力学である以上、確率的なふるまいはなくすことはできません。そこで、その確率的なところは、電子の周囲にある波のせいにしたのです。粒子は、波に揺られて動いていくので、どこへいくかは確率的になります。その波のようすは、量子ポテンシャルが端的にあらわしています。いわば粒子のサーフィンのようなものです。

3.2. 量子力学がよくわかる、ここだけの話

　アインシュタインの特殊相対性理論では、物理的な情報は光速より速く伝わることはない。一般相対性理論になると、多少、事情は変わるものの、基本的には、重力も電磁力も、それ以外の力も、光速を超えることはできない（たとえば、宇宙空間が光速より速く膨張すると、超光速だと騒がれたりするが、物理的な情報が光速より速く伝わっているわけではないので、問題はない）。
　量子力学も、特殊相対性理論と矛盾しては困るので、量子の物理的な情報は、光速を超えて伝わることはないことになっている。
　だが……。
　量子力学ができてから今日(こんにち)まで、根強い論争があるのも確かだ。
　それは、次のような状況において出現する。

光速よりも速く
　孫悟空の如意棒は、いくらでも長くなる魔法の棒である。その如意棒の両端に、矢を結びつける。ただし両端の矢の向きは、逆さまにしておく。
　さて、当たり前の話ではあるが、矢の向きが逆さまなのだから、片方の矢の向きを「観測」すれば、もう片方の矢の向きは、わざわざ観測しないでも推定することが可能だ。片方が上を向いているのなら、もう片方は下

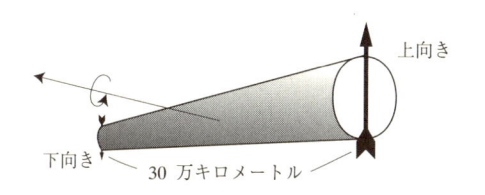

図3-6　悟空の如意棒

を向いている。片方が北を指しているならば、もう片方は南を指している。

　さて、この如意棒を軸に沿って、くるくると回してみよう。ちょうど、車輪が回転するのと同じように、(タイヤの両輪のかわりに)両矢が回転するのである。回転しているのだから、2つの矢が指す方向は、刻々と変わる。つまり、決まった向きを向いてはいない。回転速度も変則的なので、矢が、いつ、どっちの方向を向いているかは誰にもわからない。

　この如意棒を30万キロメートルの長さまで伸ばしてみよう。回転したままで。

　0時0分0秒に、左の矢の動きを止めて、その方向を「観測」してみる。すると、以下のような観測事実が判明した。

　　観測事実　0時0分0秒に左の矢は天を指していた

　ここまでは、特に問題がない。回っている矢を止めて、その向きを見ただけである。

　だが、ここで気になるのが、もう1つの矢の向きである。いったい、どうなっていたのか？

　　推定事実　0時0分0秒に右の矢は地を指していた

　これも、当たり前の話である。左の矢と右の矢は逆向きなのであるから、これほど自明のこともあるまい。

　ところが……。

　実際に、このような実験をしてみると、推定事実はまちがっていること

が判明する。

　　　観測事実　0時0分1秒に右の矢は地を指していた

　そう、0時0分0秒には、右の矢は、まだ、地を指してはいない。0時0分0秒に左の矢の回転を止めたとき、右の矢は、まだ回転しているからだ。なぜかというと、如意棒は、「柔らかい」ので、回転の静止という物理的情報は、左の端から徐々に伝わってゆき、右端が止まるのは、どんなに早くても1秒後になってしまうからだ。

　30万キロ離れた地点にまで動き(「静止」という物理的情報)が伝わるには、少なくとも、1秒はかかるのである。なぜなら、世界で一番速いのは光速であり、それは毎秒30万キロであるから。

　如意棒が「剛体(変形しない理想的物体)」であるならば、瞬時に情報が伝わるのだが、残念ながら、それはニュートン力学における理想化の産物であって、実際に存在する物体は、アインシュタインの特殊相対性理論と矛盾しないように「柔らかい」のである。だから、影響が伝わるのに時間がかかる。

　さて、同じような実験を量子力学でやってみたらどうなるだろうか？量子力学の場合、如意棒の先についた逆向きの矢のかわりに、電子のスピンを使うことになる。スピンが上向きと下向きの2つの電子を用意して、左右に飛ばすのである。片一方の電子のスピンが上向きならば、もう片一方は必ず下向きであるが、量子力学では、観測されるまでは物理量の状態は確率的にしか決まっていないから、左右の電子のスピンは、実際に観測するまでは定まっていない。

　如意棒の実験と同じように、0時0分0秒に左の電子のスピンの向きを測ってみよう。すると……。

　　　観測事実　0時0分0秒に左の電子は上を向いていた

　ここまでは、如意棒のときと同じである。ところが、驚くべきことに、右の電子の向きを観測すると、如意棒のときとはちがった結果になるのである！

観測事実　0時0分0秒に右の電子は下を向いていた

　そう、0時0分1秒ではなく、0時0分0秒である。ここには、情報が伝わるのに必要な時間の遅れがないのだ。左のスピンの観測結果は、量子力学によれば、瞬時にして右のスピンに伝わってしまう。

　アインシュタインたちが、このような実験事実に異を唱えていたわけではない。アインシュタインの時代には、このような精密な実験はできなかったので、量子力学の理論から予測がなされたのである。アインシュタインは、この理論予測が特殊相対性理論に矛盾すると考えた。だから、このような予測をする量子力学という体系には、どこかしら問題があると結論したのだった。

シュレ猫談義

亜希子「友達がね、信じられないような話をしていたわ」

上野シン「どんな？」

亜希子「故郷(いなか)でおじいさんが亡くなったのと同じ時刻に、東京の下宿で寝ていた、その人の枕元におじいさんが立ったんだって」

上野シン「その人って誰？」

亜希子「え？　あ、大学生の男性(ひと)」

上野シン「(顔面硬直)何してる人？」

隊長「そういうのは、よく聞くが、非科学的な話だと思うね、わしゃ」

竹内薫「うん、科学的という言葉は、因果的という言葉に近いからね」

隊長「因果的？」

竹内薫「そうさ、原因があって結果がある。原因のほうが時間的には先立つ。それが因果性さ」

隊長「そんなの当たり前だろ。死人が枕元に立つというのは、1つには、時刻が同じだからおかしいんだ。もしも、死んでから枕元に来るまでに時間があれば、まあ、魂が飛んできたというようにも考えられるが、同時ではね。物理学的にありえない」

亜希子「そうかしら。でも、心理学者のユングなんて、因果関係はないのに同時に事件が起きることを共時性（きょうじせい）って呼んでいるわよね」

隊長「それは、人間の心が、勝手に因果関係のない2つの出来事を結びつけて、あたかも関係があるかのように感じるだけだろう」

亜希子「そう、ユングは、あくまでも心の問題として考えているみたい。でも、世界中のあちこちで飛行機事故や列車事故なんかが同時多発的に起きたり、同じ発明を、ほぼ同時に複数の人が成し遂げたり、単なる偶然で片づけるには……」

上野シン「その大学生の下宿ってどこにあるの？」

亜希子「え？　ああ、中野よ」

上野シン「大学はどこ？」

隊長「こら、話題をそらすんじゃない」

上野シン「……」

竹内薫「共時性は、あくまでもユング心理学の概念だけど、物理学的に考えると、因果性と共時性は、時間と空間をとりかえることにあたるね」

隊長「どういう意味だ？」

竹内薫「因果性は、原因の影響が光速以下で伝わって結果を引き起こすのだから、こんなふうに描くことができる（図3-7）」

亜希子「犯人がピストルを発射したから、その弾が被害者に当たって、殺人事件発生というわけね」

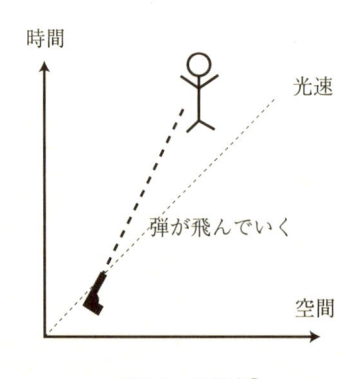

図3-7　因果性①

竹内薫「そうだ。ところが、この図の時間軸と空間軸をとりかえると、因果関係は成り立たない。なぜなら、ピストルの弾が光速以上で飛んでいくことになるからだ（図3-8）」

竹内薫「もっとわかりやすく描けば、因果性と共時性は、こんな図にすることができる（図3-9）」

亜希子「ナルホド。でも、隊長が言っていたとおり、因果性は科学的か

つ物理学的な概念であって、共時性は非科学的かつ心理学的な概念なんでしょ？」

竹内薫「いや、ユングの共時性は、あくまでも心理学の話だけど、量子力学には、それに似た状況があるんだよ」

亜希子「どんな？」

竹内薫「ベルトルマンのソックスの話をしよう」

隊長「ソックス？　ベルトルマン？　誰だ、そりゃ」

竹内薫「ベルトルマンは実在した物理学者だったらしい。僕は個人的にお会いしたことがないのでよくわからないが、奇妙な癖をもった人だったらしく、いつも、色ちがいの靴下をはいていたので有名だったそうな」

エルヴィン「ピンクとブルーとか？」

亜希子「悪趣味ね」

竹内薫「さて、問題は、ベルトルマン博士の右足の靴下の色がピンクだとわかった瞬間に、われわれには、ベルトルマン博士の左足の靴下の色がピンクではないことがわかってしまうことだ」

隊長「うん？　わからんぞ。そんなこと当たり前だろうに。そいつの癖なんだろ？」

竹内薫「当たり前と思うだろう？　でも、これに似たようなことが、アイン

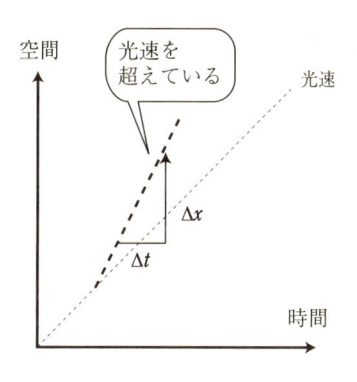

図 3-8　因果性②

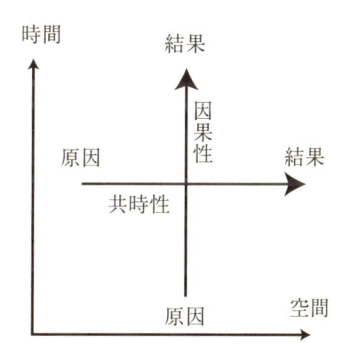

図 3-9　因果性と共時性

図 3-10　ベルトルマン博士

シュタインが量子力学を否定しようとして発表した論文で論じられているんだよ」

隊長「またまたわからんな。アインシュタインは、光量子仮説で量子力学を創始したんじゃなかったのかね？」

竹内薫「そうだよ。実際、アインシュタインのノーベル賞は、1922年に光量子仮説の業績に対して与えられているくらいだ」

亜希子「ヘェ、知らなかった。アインシュタインだから、てっきり、相対性理論でノーベル賞をとったものだとばかり思っていたわ」

竹内薫「とにかく、アインシュタインは、自身が量子力学のきっかけをつくったにもかかわらず、死ぬまで量子力学を信じていなかったようだ」

亜希子「何が気に入らなかったの？」

竹内薫「量子力学の予測は確率的でしかないわけだが、アインシュタインは、神がサイコロ遊びをするとは考えられない、と言っている」

亜希子「サイコロ遊びねェ」

隊長「その論文とやらは、どんな内容なのだ？」

竹内薫「論文自体はEPR論文という名がついている。EPRはアインシュタイン（Einstein）と、ポドルスキー（Podolsky）、ローゼン（Rosen）という2人の共同研究者の名前の頭文字をとったもの。この論文自体は古いので、ボームが現代風にいいかえた内容をご紹介しよう」

亜希子「オーケー」

竹内薫「まずは、この本の冒頭で話したポラロイドの話を思い出してほしい」

隊長「ポラロイド？」

竹内薫「ほら、偏光フィルターのことだよ」

隊長「ふむ、思い出した」

竹内薫「ここで、あのタネ明かしをしてみよう」

亜希子「よかった、なんだか、気持ち悪かったのよね」

ポラロイドの種

竹内薫「主量子数 n、軌道量子数 l、磁気量子数 m を使って水素原子の状態 ψ_{nlm} を $|nlm\rangle$ と書く。ディラックの記法だ。それと同じように、光子の偏光

を、

　　　水平　　　$|\rightarrow\rangle$
　　　垂直　　　$|\uparrow\rangle$
　　　45度　　　$|\nearrow\rangle$
　　　135度　　 $|\nwarrow\rangle$

などとあらわすことにすると、最初の光は、ランダムに偏光しているとして、

$$a|\rightarrow\rangle + b|\uparrow\rangle \quad ただし |a|^2 + |b|^2 = 1$$

と2つの状態の重ね合わせであらわすことができる。$|a|^2$と$|b|^2$は、それぞれの状態が観測される確率だ。フィルター1は水平に偏光している状態だけを通過させるから、フィルター1は$|a|^2$の確率で光子を通過させる。フィルター1を通過後の光子は、完全に水平に偏光しているので、フィルター2は通過することができない。なぜなら、フィルター2は、垂直に偏光した光しか通さないのだから。つまり、

　　　フィルター1→フィルター2→ゼロ

ということになる」

亜希子「当然の結果ね」

竹内薫「ところが、途中に45度のフィルター3をはさむと話は変わってくる。ポイントは、45度のフィルターが、

$$|\nearrow\rangle = \frac{1}{\sqrt{2}}|\rightarrow\rangle + \frac{1}{\sqrt{2}}|\uparrow\rangle$$

という状態の光子を通す点にある(ここの$1/\sqrt{2}$は確率を1にするためにつけている)。さて、フィルター1を通過した光子は、すべて、$|\rightarrow\rangle$という状態なので、フィルター3を通過する確率は、50%になる。フィルター3を通過した光子は、すべて、$|\nearrow\rangle$という状態にある。ここで、最後のフィルター2を考えてみる。フィルター2は、垂直に偏光した光だけを通すわけだが、斜めに偏光した光はどうなるのだろう？　フィルター2は、

$$|\uparrow\rangle = \frac{1}{\sqrt{2}}|/\rangle + \frac{1}{\sqrt{2}}|\backslash\rangle$$

という状態の光子を通すので、なんと、45度に偏光した光子は、50％の確率で通過することになる」

隊長「すまんが、混乱してきたよ」

亜希子「なんだか、ごまかされているみたい」

竹内薫「状態ベクトルはベクトルだからこうなるんだよ。重ね合わせることができるから。図をご覧よ」

任意のベクトルは
$|\uparrow\rangle$ と $|\rightarrow\rangle$
あるいは
$|\backslash\rangle$ と $|/\rangle$
の組み合わせで表すことができる．

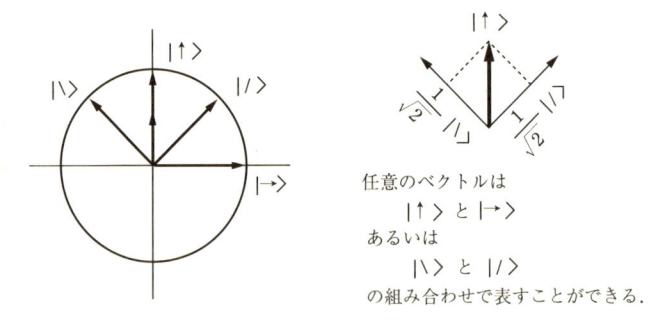

図 3-11　重ね合わせ

亜希子「最初の状態は、水平と垂直の偏光状態の重ね合わせで、それがフィルター1を通過すると、すべてが水平な偏光になる……そのまま、フィルター2に入ると、今度は垂直に偏光した光しか通さないから、通過する確率はゼロ」

隊長「それはわかるんじゃよ」

亜希子「途中にフィルター3をはさむと、光子は、50％の確率で通過して、通過後は、すべて45度の偏光状態になる。その45度の偏光状態がフィルター2に入ると……そっか、45度の偏光状態というのは、水平と垂直の半々の状態なので、50％の確率で通過する！」

竹内薫「昔、あなた好みの女になるわ、なんて歌があったような気がするが、光子は、フィルター好みの偏光状態になるんだね。観測によって、状態が確定するのだといってもいい」

からみあった状態

亜希子「ポラロイドの話はわかったけど、これが、さっきの共時性とどう関係しているのかしら？」

竹内薫「ベルトルマン博士の靴下のかわりに、2つの電子を考えよう。光子の場合の偏光と同じように、電子は、スピンが上向きか下向きかで状態を指定することができるから、一般の状態は、

$$a|\uparrow\rangle + b|\downarrow\rangle$$

という重ね合わせであらわすことができる。今は、2つの電子を考えているのだが、特別な状態として、

$$\frac{1}{\sqrt{2}}|\uparrow\rangle|\downarrow\rangle - \frac{1}{\sqrt{2}}|\downarrow\rangle|\uparrow\rangle$$

というものを考える。これは、電子1が↑で電子2が↓の状態と、電子1が↓で電子2が↑の状態の重ね合わせであることを示している」

亜希子「素朴な疑問だけど、真ん中のマイナスはプラスでもいいのかしら？ それに、そもそも、どうして、こんな状態を考えるの？」

竹内薫「この状態は、総スピンが0の状態なのだ。真ん中の符号がプラスでもいいけど、その場合は、総スピンが1でスピンのz成分が0の状態になる。ベルトルマンの左右の靴下と同じようなシチュエーションとして、スピンがアップとダウンの組み合わせを考えているんだよ」

亜希子「ふーん」

竹内薫「この状態は、からみあった状態と呼ばれている。英語では、entangled state。そのココロは、

$$\underbrace{(a|\uparrow\rangle + b|\downarrow\rangle)}_{\text{電子1}} \underbrace{(c|\uparrow\rangle + d|\downarrow\rangle)}_{\text{電子2}}$$

という具合に、2つの別々の電子の状態のかけ算であらわすことができないから」

亜希子「アタマ爆発」

竹内薫「いいかい、からみあっていないのであれば、ほどくことができるわけだ」

隊長「ほどく……つまり、それぞれの電子の状態のかけ算の形に分解できるという意味か」

竹内薫「そのとおり、ところが、からみあった状態は、ほどくことができない。その証拠に、

$$(a|\uparrow\rangle+b|\downarrow\rangle)(c|\uparrow\rangle+d|\downarrow\rangle)$$
$$=ac|\uparrow\rangle|\uparrow\rangle+bc|\downarrow\rangle|\uparrow\rangle+ad|\uparrow\rangle|\downarrow\rangle+bd|\downarrow\rangle|\downarrow\rangle$$

と、ばらしてみて、これが、

$$\frac{1}{\sqrt{2}}|\uparrow\rangle|\downarrow\rangle-\frac{1}{\sqrt{2}}|\downarrow\rangle|\uparrow\rangle$$

になるかどうか考えてください」

亜希子「ええと、カンタンじゃない。係数が、

$$ac=0$$

$$bc=\frac{1}{\sqrt{2}}$$

$$ad=-\frac{1}{\sqrt{2}}$$

$$bd=0$$

となればいいんだから……あ、本当にダメだわ」

隊長「どうしてダメなんだ？」

亜希子「だって、最初の式から、aかcのどちらかはゼロのはずだけど、そうなると、bcかadのどちらかはゼロでないといけないから」

竹内薫「そうなんだ。からみあった状態は、まさに２つの電子がからみあっているんだから、１つの電子の状態のかけ算にはならないんだよ。そういう特別な状態なんだ」

隊長「少しわかってきたぞ。

からみあった状態≠|電子１の状態⟩×|電子２の状態⟩

ということだな」

竹内薫「量子力学では、状態というのは、重ね合わせになっていて、観測をしてはじめて、その重ね合わせのどれかに確定する。重ね合わせのどの状態が実

現するかは、確率的にしか決まらない。つまり、測定以前には、状態は決まっていないのだ。これが標準的な確率解釈、別名、コペンハーゲン解釈と呼ばれる立場だね。確率解釈だけでなく、観測以前には状態が確定しないことから、量子の経路(移動した道すじ)やスピンといった属性を実体視することにも反対の立場をとっている」

亜希子「実体視?」

竹内薫「そう、経路が存在するとか、スピンが上向きになっているとか……観測と切り離して量子という実体が存在することは認めないわけ」

隊長「聞いた覚えがあるぞ。お月様を拝んでいないとき、月の実在を云々してもはじまらない、という話だろう?」

竹内薫「そう。実は、エルヴィンの生い立ちとも関係するんだけど、それについては、また、後で……長くなったので、そろそろまとめに入るよ」

亜希子「オーケー」

竹内薫「からみあった状態の2つの電子を左右に発射する(図3-12)」

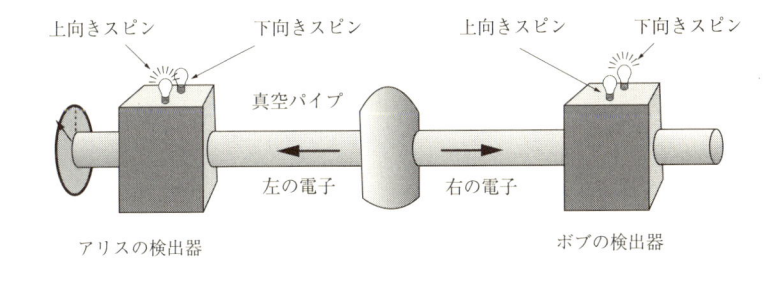

図3-12 スピン測定器

竹内薫「左右に遠く離れた地点には、アリスとボブがいて、電子を測定する。ここで質問だ。

　　質問:アリスの測定器では電子のスピンが上向き|↑⟩とわかった。それでは、ボブの測定器の結果は?

どうだい？」
亜希子「なんだか、馬鹿みたいな質問ね。観測によって、

$$\frac{1}{\sqrt{2}}|\uparrow\rangle|\downarrow\rangle - \frac{1}{\sqrt{2}}|\downarrow\rangle|\uparrow\rangle$$

という重ね合わせの状態が、

$$\frac{1}{\sqrt{2}}|\uparrow\rangle|\downarrow\rangle$$

という状態に確定したわけでしょ？　アリスが測った電子はスピンが上向きだったのだから、ボブのほうへ飛んでいった電子は、スピンが下向きに決まってるじゃない」

隊長「まるで情報が瞬時に伝わったみたいだな。相対性理論と矛盾しないのか？」

亜希子「どうして？」

隊長「じゃから、測定するまでは、量子の状態は確定しておらんのじゃろ？　それが、左のアリスの測定によって、左の電子のスピンが上向きだと判明した。ところが、その瞬間に、やはり状態が不確定だった右の電子の状態も一緒に確定してしまった。まるで、アリスの電子からボブの電子に超光速で情報が伝わったみたいじゃないか。最初に出てきた、死者が枕元に立つのと同じで、因果性が破れているみたいだ。共時性そのものじゃないか」

竹内薫「アインシュタインたちも、そう考えたんだ。こりゃ、なにかおかしいぞ、ってね」

亜希子「なんだか深い霧の中を歩いているみたい」

竹内薫「量子の属性は測定するまでは存在しない、つまり、コペンハーゲン的な考えが正しいのか、それとも、アインシュタインたちが主張したように、量子の属性は測定しなくても決まっているのだが、人間の知識が足りないので、わからないだけなのか……この２つの見解に優劣をつける不等式があるんだ。その名もベルの不等式」

隊長「なんだかベルマークみたいだな。釣り鐘と関係するのか？」

竹内薫「ちがいますよ。人名です。Ｊ．Ｓ．ベルは、ヨーロッパ原子核研究所の研究員だった人で、量子力学の基礎的な論文をたくさん書いている」

隊長「そうか、続けてくれ」

アインシュタイン敗れたり?
竹内薫「ベルは、アインシュタインたちが主張するように、量子に測定とは無関係に属性が存在するならば成り立つ不等式を考えたんだ。もしも、ボーアたちの考えのほうが正しいのであれば、ベルの不等式は成り立たない」

亜希子「それで結論は?」

竹内薫「ベルの不等式は破れていた。フランスのアスペらの実験によって証明されたんだ」

亜希子「じゃあ、アインシュタインはまちがっていたの?」

竹内薫「そういうことだね。量子の属性が観測と関係なく決まっている、という主張を『局所的な隠れた変数の理論』と呼ぶのだけど、そういう理論は、実験的に否定されてしまったわけ」

隊長「因果性は破れているのか?」

竹内薫「いや、詳しくは述べる余裕がないけど、情報が伝わっているわけではないんだよ。からみあった状態というのは、そもそも、空間を越えてからみあっているわけで、左の電子から右の電子に情報が伝わったわけではない。ある意味で、量子力学というのは、最初から共時性を含んだ理論とみることもできるね」

亜希子「まるで、遠く離れた恋人どうしの心がつながっているみたいで、ロマンチックだわ」

隊長「ぶはははは」

竹内薫「わははは」

亜希子「(黙ってふたりを睨みつける)コホン。ところで、局所的とか隠れた変数とか、意味不明」

竹内薫「局所的というのは、まさに、問題となっている量子のある場所に変数が隠れている、という意味だね。変数というのは、経路だったり、スピンだったり……、ベルトルマン博士の靴下の場合だったら、色。そういう属性を決める変数が隠れているという意味だ」

亜希子「人間から隠れくいる?」

竹内薫「そう、測定技術が未熟だから」

亜希子「でも、『局所的な隠れた変数の理論』は否定されてしまった」

竹内薫「そうだ」

隊長「じゃあ、月は見ていないときは存在しないのか？　ベルトルマンのソックスは、誰も見ていないときは、色が決まっていないのか？　そんな馬鹿な話はないだろう！」

亜希子「そうよ、いくらなんだって、人を馬鹿にしてるわ。数式を書いて難しい専門用語を散りばめれば、なんでも言いくるめられると思ったらおおまちがいだわ」

上野シン「あの……月やソックスは、大きな物体なので、量子力学の重ね合わせにはならないから、その……最初から状態が確定しているのでは？　それに対して、電子は、小さなミクロの物体なので、量子力学の重ね合わせが成り立つ……」

竹内薫「あれ、おまえ、いたのか。全然、発言していなかったじゃないか、そんな部屋の隅で何してんだ？」

上野シン「え、あ、いや」

竹内薫「でも、シン君のいうとおりだ。月がある状態とない状態なんて、重ね合わせることは不可能だ。靴下もね。でも、電子は、スピンが上向きと下向きの状態を重ね合わせることができる」

亜希子「エルヴィンは？　猫は重ね合わせることが可能なの？」

竹内薫「（ごくりと唾を飲む）」

小説　シュレディンガーの猫

　　1927 年……。

「賭けをしようじゃないか」
　呟きながら、全体重を押しつけるようにして、男は重い樫の扉を押し開けた。
「ふん、青二才め」

紅潮した頬に冷気を受けながら、真っ暗な石の階段を踏みしめるように一歩一歩降りていく。12段を降り切ったところでさらにもう1つの鉄製の扉をぎぃっと開くと、ガランとした部屋から煌と明かりが漏れ出す。左肩に6本の爪が食い込むのを感じながら、男は部屋の真ん中にしつらえたぶあつい木製の台に歩みを進めると、置いてあった粗末な箱のふたを片手でとりはずす。
「……ヴィーン、エルヴィーン」
　配管からかすかに女性の声が響いてくる。
「あなたぁ、どこにいらっしゃるの？　猫のエルヴィンをご存知？　いつものソファーにいませんのよ。エルヴィーン？　エルヴィーン？」
　おろおろとした様子が手にとるように伝わってくる。男は片手でビスマルクめいたロイド眼鏡をずりあげると、不敵な笑みを浮かべる。
「もう、あなたったらどこに行ったのよ！　役立たず！！　エルヴィンちゃんにもしものことがあったらどうするのよ！　エルヴィーン、エルヴィーン……」
　居間から食堂へと、ヒステリックな声はだんだんと遠のいていく。
　男はにわかに青ざめた顔に、口もとをひきつらせながら、肩からそっと6本の爪を一本一本ひきはがすと、やさしく話しかけながらそのふさふさした毛の塊を箱の中へおろした。
「う〜ん、よい子だ、よい子だ、おとなしくしておいで」
　箱にかけようとする前脚をピシャリとはねのけると、男はやおらふたをかぶせた。
「にゃ……」
　男は満足げに鼻を鳴らすと、しっかりと箱に錠前を下ろし、ゆっくりとした足取りで鉄の扉から出ていった……

　ちょっと小説風に書いてみたが、この章のしめくくりとして、「シュレディンガーの猫」について解説することにしよう。
　シュレディンガーは、自らが考え出した方程式に出てくる波動関数 ψ が、実在の場をあらわすのだと信じていた。ちょうど、電磁場をあらわす

E や B のように、量子の場が実在するのだと考えていたのだ。だから、ライバルであったハイゼンベルクやボルン、さらには大御所のボーアらの主張する「確率解釈」には反対の立場をとっていた。

波動関数 ψ が(2乗すると)確率をあらわし、状態は重ね合わせることができる、というのもシュレディンガーにはおかしな話に思われた。だから、猫を使った思考実験を提案して、確率解釈が、いかに奇妙であるかを際だたせようとした。

それは、いったい、どのような思考実験だったのだろうか？

箱の中に猫のエルヴィンが閉じこめられている。飼い主は、猫に、夫のエルヴィン・シュレディンガーと同じ名前をつけているのだ。シュレディンガーは、それが気に入らないので、妻の目を盗んで猫のエルヴィンを実験材料にすることにした。

箱に閉じこめられたエルヴィンの傍(かたわら)には、微量の放射性物質と毒の瓶がおいてある。放射性物質の半減期は τ (タウ)である。これは半減期 τ 時間後には、放射性物質の半分は崩壊して別の元素に変わってしまうことを意味する。たとえば、中性子は $\tau = 11$ 分弱で崩壊して、陽子と電子とニュートリノになるし、ラドン温泉で有名なラドンの一種は4日弱でポロニウムに崩壊する。

ただ、放射性物質が崩壊するかどうかは、量子力学的な確率で決まるので、たとえば、放射性物質の原子が1つあるとき、その1つが、半減期 τ のあとに崩壊している確率は五分五分になる。

さて、放射性物質が崩壊すると、それが引き金になって、毒の瓶が割れる。崩壊しなければ毒は出ない。

ということは、半減期のあとで、エルヴィンが生き残っている確率は五分五分ということになる。エルヴィンの状態ベクトルは、

$$|エルヴィン\rangle = \frac{1}{\sqrt{2}}|生\rangle + \frac{1}{\sqrt{2}}|死\rangle$$

となって、生きた状態と死んだ状態の重ね合わせになる。

以上が有名な「シュレディンガーの猫」の内容だ。コペンハーゲン派の確率解釈を徹底すると、生きて死んでいる猫というグロテスクな例が出て

図3-13 シュレディンガーの猫

きてしまう。シュレディンガーは、このような思考実験を提出することによって、確率解釈の問題点を指摘しようとしたのである。

シュレ猫談義

隊長「わからん！」

エルヴィン「え？　隊長、だいぶ顔が赤いですよ」

隊長「いいや、わしは酔ってなどおらん。素朴な疑問があるのだ」

エルヴィン「なんです？」

隊長「まず、ラドンの一種というところだな」

エルヴィン「元素というのは、原子核に含まれる陽子の数で決まるのです」

隊長「それは知っておる。水素は陽子が1個、ヘリウムは陽子が2個……ウランは陽子が92個だろう」

エルヴィン「そのとおりですね。ですが、原子核には、陽子だけではなく、中性子もあるのです」

隊長「水素は中性子がゼロ、ヘリウムは中性子が2個……」

エルヴィン「ふつうはそうですが、水素の場合、中性子が1個と2個の場合もあるのですよ。ヘリウムの場合も、中性子が1個と4個の場合があります」

元素名	陽子の数(原子番号)	中性子の数	原子量(陽子数＋中性子数)
水素(H)	1	0	1
		1	2
		2	3
ヘリウム(He)	2	1	3
		2	4
….		4	6
ラドン(Rn)	86	134	220
….		136	222
ウラン(U)	92	142	232
		143	233
		144	234
		145	235
		148	238

エルヴィン「これを記号で、

$^{222}_{86}Rn$、$^{2}_{1}H$、$^{235}_{92}U$

などと書くのです。元素記号の前の上の添え字が原子量で、下の添え字が陽子数(原子番号)です」

隊長「元素の種類は、下の添え字で決まるわけか」

エルヴィン「そうです。そして、上の添え字の数がちがうものどうしを同位体(isotope)というのです」

隊長「つまり、原子核の中性子数がちがうものどうしのことか……」

エルヴィン「そうですね。ふつうの水素と重水素と三重水素は、

$^{1}_{1}H$、$^{2}_{1}H$、$^{3}_{1}H$

となって、この3つが同位体なのです。重水素と酸素からできている水は、重水といわれますよね」

隊長「わかった。さきほどのラドンの一種というのは、２つあるラドンの同位体のうちの……」

エルヴィン「ええと、

$$^{222}_{86}\text{Rn}$$

のほうです」

隊長「次の質問じゃ……。われわれ人間や、おまえのような猫もベクトルなのか？」

エルヴィン「微妙な質問ですね」

隊長「微妙？」

エルヴィン「ええ。たとえば、電子が１個だったら、スピンがアップかダウンかで、

$$電子の状態ベクトル = |\uparrow\rangle + |\downarrow\rangle$$

というような恰好で書くことができるんです」

隊長「そこも、まだわからんのだ。状態ベクトルとは波動関数のことか？」

エルヴィン「それも微妙ですね……正確には、

$$\psi(x) = \langle x|\uparrow\rangle + \langle x|\downarrow\rangle$$

などと書くので、そのまま、というわけではありませんが……ディラックの記法に出てくるこの状態ベクトルはハイゼンベルク流のベクトルでもあり、シュレディンガー流の波動関数でもあるという……より抽象的なものなのです。この話は、かなり専門的ですから、それこそ大学の物理学科でみっちりとやるような内容です。ゼロから学んでいる隊長としては、まあ、おぼろげなイメージを抱いていただければ上々かと存じますが」

隊長「（小さな声で）ふん、猫のくせに、俺より物知りでやがる」

エルヴィン「は？　何か？」

隊長「なんでもない。それよりか、おまえは状態ベクトルなのか？」

エルヴィン「ですから、電子が１個だったら、すぐに状態ベクトルで書けるんですが、数が多くなると、必ずしも状態ベクトルでは書けないのです」

隊長「必ずしも？」

エルヴィン「ええ、もしも、僕が絶対温度ゼロに近いような状態だったら、まあ、書けますけど、室温だとダメ」

隊長「どうしてダメなんだ？」

エルヴィン「量子力学の基本は重ね合わせにあるのですが、温度が高い状態は、ある意味で、古典的な状態になってしまって、もはや、重ね合わせができないのです」

隊長「つまり、こういうことか……純粋に量子力学的にあつかうことができるような素粒子とか低温の物質なら、重ね合わせが可能な状態ベクトルであらわせるが、粒子の数が莫大になったり高温になったりすると、古典力学であつかうことができるが、量子的効果はなくなってしまう。だから、わしらは重ね合わせではない」

エルヴィン「まあ、当たらずとも遠からずというところでしょう」

第4章
レストランを出たあとで
―行列、大活躍！

　変則的ですが、ちょっと分厚い「エピローグ」をつけることにしました。
　でも、いったいなぜ？
　1冊の本ができあがるためには、それはそれは長い時間と労力がかかります。その労力のうち、著者だけが占める部分は、この副読本の場合、だいたい50％くらいだと考えています。残りはいろいろな方々とのやりとりを通じて、二人三脚で進めてゆき、最終的に本の形態になるわけです（さらには印刷や販売の方々の努力）。
　そして、文章を書くのは、あくまでも著者なのですが、「読者代表」としての編集者から、「これは難しすぎる」とか「ここはもっと説明が必要だ」という具合にアドバイスをもらって、原稿に手を入れるわけなのです。この本の場合、さらにモニターの方に読んでもらって、原稿を書き足してきました。
　とりあえずは、「ゼロから学ぶ」のに必要かつ充分な部分は、本文で完結するようにしたつもりです。ですが、僕も文筆家のはしくれなので、そこはそれ、独自の「こだわり」というものが、どうしてもあって、たとえ難解であっても、読者に伝えたいことは本からはずしたくない！
　というわけで、本が完成間近の局面になってから、僕のわがままを通してもらって、「難しいけれどホントは面白いこと」を最後のつけたしとして挿入させてもらうことにしました。

「そんなわがままにつきあっているほど暇じゃない」
と、本を閉じられるのも、
「これこそが量子論の奥義なのだな」
と、ベッドに横になりながらお読みいただくのも、読者のご自由。お暇な方は、しばし、おつきあい願えれば幸いです。

4.1. 行列力学は楽しい

無限行列なんて怖くない

　本文中では行列力学の話をほとんどしなかった。それは、微分方程式を解くシュレディンガー流の波動力学を中心に話を展開したほうが、ゼロから学ぶ場合には得策だろうと思ったからである。

　だが、波動力学は、いわば、量子力学の横顔の1つでしかない。もう1つの「顔」の代表格がハイゼンベルクの行列力学なのだ。

　というわけで、行列の計算方法の基礎を復習しておきましょう。

　一番カンタンな行列は、1行1列の行列で、ふつうの数のこと。次にカンタンなのは2行1列、1行2列、2行2列の行列。数を並べて、その縦と横の並びを「行」と「列」と呼ぶ。小学校で背の低い人が教室の前のほうに座っていて、背の高い人が後ろのほうに座っている場合、数学用語では、
「背の低い人は数の小さい行に、背の高い人は数の大きい行に座っている」
と表現するわけ。また、「列」は英語では column で、新聞の「コラム」（欄）と同じ。ギリシャの神殿を支えている柱も column ですね。生物学でも同じ言葉を「カラム」と呼ぶことがあって、「コラム」と訳すべきか「カラム」と訳すべきか、という議論があったりしますが、元の英語の発音自体は、「カラム」に近い。

　行列の計算の例をあげますから、忘れてしまった人や知らなかった人は、ここで覚えてしまってください。よく知っている人は、飛ばしてしまって結構です。

第4章◎レストランを出たあとで　177

まずは、足し算だが、これは、同じタイプの行列のあいだでだけ定義される。引き算も同じ。たとえば、こんなふうに計算します。

2行1列

$$\begin{pmatrix} 3 \\ 4 \end{pmatrix} + \begin{pmatrix} -1 \\ 5 \end{pmatrix} = \begin{pmatrix} 2 \\ 9 \end{pmatrix}$$

1行2列

$$(1 \quad 7.3) + (3.3 \quad -0.4) = (4.3 \quad 6.9)$$

2行2列

$$\begin{pmatrix} 1+3i & -0.7i \\ 0 & 2.3 \end{pmatrix} + \begin{pmatrix} -2i & 1 \\ -3 & 4 \end{pmatrix} = \begin{pmatrix} 1+i & 1-0.7i \\ -3 & 6.3 \end{pmatrix}$$

行列の要素は、複素数でもかまわないわけです。
次にかけ算ですが、こんな具合にやります。

1行 <u>2列×2行</u> 1列

$$(1 \quad 7.3) \begin{pmatrix} 3 \\ 4 \end{pmatrix} = 1 \times 3 + 7.3 \times 4 = 32.2$$

2行 <u>1列×1行</u> 2列

$$\begin{pmatrix} 3 \\ 4 \end{pmatrix} (1 \quad 7.3) = \begin{pmatrix} 3 \times 1 & 3 \times 7.3 \\ 4 \times 1 & 4 \times 7.3 \end{pmatrix} = \begin{pmatrix} 3 & 21.9 \\ 4 & 29.2 \end{pmatrix}$$

2行 <u>2列×2行</u> 1列

$$\begin{pmatrix} -2i & 1 \\ -3 & 4 \end{pmatrix} \begin{pmatrix} 3 \\ 4 \end{pmatrix} = \begin{pmatrix} -2i \times 3 + 1 \times 4 \\ -3 \times 3 + 4 \times 4 \end{pmatrix} - \begin{pmatrix} 4-6i \\ 7 \end{pmatrix}$$

2行 <u>2列×2行</u> 2列

$$\begin{pmatrix} 1 & 7.3 \\ 3 & 4 \end{pmatrix} \begin{pmatrix} -2i & 1 \\ -3 & 4 \end{pmatrix}$$

$$= \begin{pmatrix} -21.9-2i & 30.2 \\ -12-6i & 19 \end{pmatrix}$$

はじめての人は不思議な感じがするかもしれない。最初の例は、1行2列に2行1列をかけると1行1列になるのだが、以下のように、

<u>1行2列</u>×<u>2行</u>1列→1行1列(ふつうの数)

と、真ん中の数字が両方とも2になっているから、かけていいのです。

2つ目の例も、2行1列に1行2列をかけていて、真ん中の数字が1で共通になっている。

2行<u>1列</u>×<u>1行</u>2列→2行2列

3番目の例は、2行2列に2行1列をかけている。

2行<u>2列</u>×<u>2行</u>1列→2行1列

最後が、

2行<u>2列</u>×<u>2行</u>2列→2行2列

となります。

一般に、n行m列の行列にm行p列の行列をかけると、n行p列の行列になります。

2行2列の行列で大切なのが、「対角化(たいかくか)」といわれる作業だ。これは、行列を変形して、対角線にだけ要素があるようにすることで、「主軸変換」とも呼ばれる。主軸というのは、たとえば、コマの運動では、回転軸が主軸である。テニスの試合の最中に緊張をほぐすためにラケットをくるくる回すが、ラケットには主軸が3つある。主軸とは、ようするに、「回転しやすい方向」のことである。ものには回転しやすい軸とそうでない(無数の)軸を考えることができて、そのうち、自然に回転しやすい軸のことを

「主軸」というのだと思ってください。

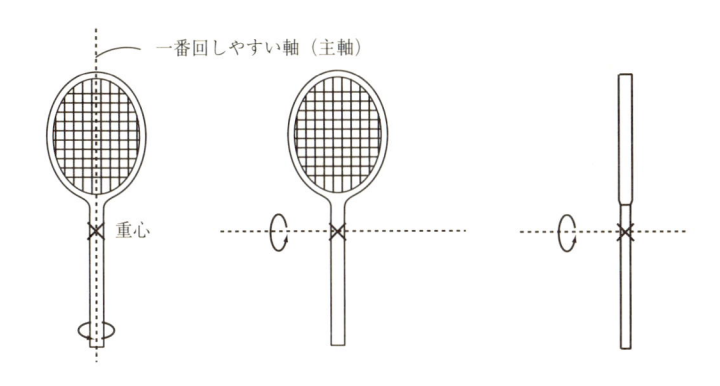

図 4-1　テニスラケットの主軸

　さて、数学の座標系には、3次元空間の場合、x軸、y軸、z軸があるので、テニスのラケットの3つの主軸をx軸、y軸、z軸に重ねるように座標をとれば、テニスラケットの運動は簡潔に記述することができる。逆にいえば、そういう巧い座標系をとらないと、運動方程式が複雑になって、手に負えなくなる。実は行列力学ではこの対角化が、波動力学のシュレディンガー方程式を解くことにあたるのである。
　なにやら難しそうだが、例題を見て納得していただきたい。

[例題]　2行2列の行列、

$$\begin{bmatrix} 1 & 2 \\ 2 & 1 \end{bmatrix}$$

を対角化する。

[答え]　行列を「回転」するには、回転行列、

$$\begin{bmatrix} \cos\theta & -\sin\theta \\ \sin\theta & \cos\theta \end{bmatrix}$$

および、その逆回転をあらわす、

$$\begin{pmatrix} \cos(-\theta) & -\sin(-\theta) \\ \sin(-\theta) & \cos(-\theta) \end{pmatrix} = \begin{pmatrix} \cos\theta & \sin\theta \\ -\sin\theta & \cos\theta \end{pmatrix}$$

ではさんでやればいいことがわかっている（θは回転する角度）。これは、高校までの数学では教わらないものだが、量子力学を学ぶ場合、必ずどこかで出てくるものなので、知らない人は「いずれこんなのが出てくるのだなぁ」と考えて先に進んでください。

はさむといっても、角度θをうまく調整してやらないといけない。今の場合、

$$\begin{pmatrix} \cos\theta & -\sin\theta \\ \sin\theta & \cos\theta \end{pmatrix} \begin{pmatrix} 1 & 2 \\ 2 & 1 \end{pmatrix} \begin{pmatrix} \cos\theta & \sin\theta \\ -\sin\theta & \cos\theta \end{pmatrix}$$

$$= \begin{pmatrix} \cos\theta - 2\sin\theta & 2\cos\theta - \sin\theta \\ \sin\theta + 2\cos\theta & 2\sin\theta + \cos\theta \end{pmatrix} \begin{pmatrix} \cos\theta & \sin\theta \\ -\sin\theta & \cos\theta \end{pmatrix}$$

$$= \begin{pmatrix} \cos^2\theta - 2\sin\theta\cos\theta - 2\cos\theta\sin\theta + \sin^2\theta & \cos\theta\sin\theta - 2\sin^2\theta + 2\cos^2\theta - \sin\theta\cos\theta \\ \sin\theta\cos\theta + 2\cos^2\theta - 2\sin\theta - \cos\theta\sin\theta & \sin^2\theta + 2\cos\theta\sin\theta + 2\sin\theta\cos\theta + \cos^2\theta \end{pmatrix}$$

対角線上にない「非対角成分」

$$= \begin{pmatrix} 1 - 4\sin\theta\cos\theta & 2\cos^2\theta - 2\sin^2\theta \\ 2\cos^2\theta - 2\sin^2\theta & 1 + 4\sin\theta\cos\theta \end{pmatrix}$$

対角線上にない「非対角成分」

となるのだが、この非対角成分がゼロになればいいのだから、たとえば、角度を$\pi/4 (=45度)$にとれば、サインとコサインが同じになって、行列は「対角化」される。

$$\sin\frac{\pi}{4} = \cos\frac{\pi}{4} = \frac{1}{\sqrt{2}}$$

なので、$\sin\theta\cos\theta = 1/2$ となって、最終的に、

$$\begin{bmatrix} -1 & 0 \\ 0 & 3 \end{bmatrix}$$

が答えになる。この対角化という手法はどこでも現れるのでイメージだけでもつかんでおくとよい。

シュレ猫談義

亜希子「うーん、なんだか作為を感じるなぁ」

エルヴィン「作為とは？」

亜希子「だって、

$$\begin{bmatrix} 1 & 2 \\ 2 & 1 \end{bmatrix}$$

という行列は、要素が１と２しかないし、なんだか特別の行列のような気がするわ」

エルヴィン「すべてお見通しのようですね。白状してしまいますが、たしかに、これは特別な行列で、『対称行列』と呼ばれています」

亜希子「どうして？」

エルヴィン「対角線を境に非対角成分が対称でしょう」

亜希子「ナルホド」

エルヴィン「ちなみに、成分は複素数でもいいのです。ただし、その場合、対称行列は、『エルミート行列』という名前になって、回転行列も『ユニタリ行列』というふうに一般化されます……複素数にしても、本質は変わりませんがね」

亜希子「行列は２行２列である必要はないんでしょう？」

エルヴィン「いくらでも大きくていいのです」

亜希子「無限に大きくても？」

エルヴィン「いいのです。かけ算などの規則は、ほぼ、そのまま使えますから」

亜希子「無限に大きい行列の例もあとで出てくるのかしら？」

エルヴィン「出てきます」

亜希子「これで行列力学の勉強の準備は整ったわね」

エルヴィン「あと1つだけ補足を」

亜希子「どうぞ」

エルヴィン「数の場合、1、2、3、……という整数を拡張して、1.334とか$\sqrt{2}$などという実数が登場しましたね」

亜希子「ええ、離散的な数から連続的な数へと概念を拡げたわけでしょ」

エルヴィン「それと同じで、行列の場合も、1行2列とか3行7列などと行と列が整数だったのを拡張して、3.557行$\sqrt{3}$列などという連続的な行列を考えるのです」

亜希子「わー、凄いかもしれない。でも、ちょっと想像できないわ」

エルヴィン「ふつうの数の場合も、数直線上に、1、2、3……と格子点をふって視覚化するわけですが、それが連続的になると、もはや、どこが$\sqrt{2}$なのか、正確に図示することはできないでしょう。行列の場合も話は同じなのです。量子力学の研究業績でノーベル賞を受賞した朝永振一郎博士は、次のように書いていらっしゃいます。

> マトリックス（行列）やベクトルの数学と、1次演算子や関数の数学とを1つの抽象的な線形空間の数学に包括することは、ディラックをまたずとも、古くはヒルベルト（D. Hilbert）によって、新しくはノイマン（J. von Neumann）によって行われたことなのですが、そこではその線形空間内にとられる座標系の軸の個数は有限であるか、あるいはせいぜい可算的無限個であるかのどちらかでした。ですから座標軸は、たとえばX_1軸、X_2軸、X_3軸、……といったように、添字1、2、3、……をつけてそれらを並べることができるものしかとれません。それに対してディラックのやり方は、彼独特のδ-関数という考えを持ち込むこと

によって、連続無限個の座標軸の使用を可能にしたのです。いいかえれば、ディラックの理論では、連続的な変数をもつパラメーター q を添字とする X_q 軸といった軸を用いることも可能なのです（じつをいうとこのような考え方を数学者はきらうのですが、物理学者にとってはたいへん便利な考え方なのです）。そういうわけで、可算的な軸を用いたとき、状態ベクトルの成分は

$$\psi_n, \quad n=1, 2, 3, \cdots\cdots$$

のようにあらわされるのに対して、連続無限個の軸をとれば、同じベクトルでもその成分は

$$\psi(q), \quad q_1 < q < q_2$$

のように、変数 (q_1, q_2) 内のすべての値をとる変数 q を自変数とする関数の形にあらわされることになる。
（『スピンはめぐる』朝永振一郎、第三章、傍点筆者）

ここでは、こうやってどんどん概念を抽象化というか一般化していくのだとお考えください」
亜希子「関数と連続的な行列が同じものだなんて知らなかった」
エルヴィン「まあ、関数も行列も、演算という共通の性質をもっているわけですから」
亜希子「行列も演算？」
エルヴィン「ええ、何度もいうようですが量子力学では、演算子という考え方が根本にあるのです」
亜希子「そうだったわね」
エルヴィン「英語では、operator（オペレーター）ですね。演算するもの……数学的な演算をするもの、という観点からは、関数も連続的な行列も同じはたらきをする……だから同一視してもかまわないわけです」
亜希子「ふーん……ところで、そもそも、なんで、対角化なんかする必要があるの？　まあ、テニスラケットの回転の話でおぼろげながら理由はわかるんだ

けれど。軸に注目することによって、運動の本質を簡略化して明らかにするということかしら。」

エルヴィン「実は、行列力学では、物理量、波動力学でいえばシュレディンガー方程式の解は、対角化された行列の対角線に並ぶのです。たとえば、エネルギーはこんな具合に。

$$E = \begin{pmatrix} E_1 & 0 & 0 & \cdots \\ 0 & E_2 & 0 & \cdots \\ 0 & 0 & E_3 & \cdots \\ \vdots & \vdots & \vdots & \ddots \end{pmatrix}$$

無限の行列ですけど。」

隊長「わしの好きなサイコロの目の場合だったら、6つの目に応じて、

$$\begin{pmatrix} 1 & 0 & 0 & 0 & 0 & 0 \\ 0 & 2 & 0 & 0 & 0 & 0 \\ 0 & 0 & 3 & 0 & 0 & 0 \\ 0 & 0 & 0 & 4 & 0 & 0 \\ 0 & 0 & 0 & 0 & 5 & 0 \\ 0 & 0 & 0 & 0 & 0 & 6 \end{pmatrix}$$

という6つの数が対角線上に並ぶのだな」

エルヴィン「まあ、サイコロは古典的な物体なので、あくまでも比喩という意味なら……」

隊長「エネルギーだけでなく、粒子の位置 x も物理量じゃろ？」

エルヴィン「ええ」

隊長「じゃあ、x がとることのできる値は行列の対角線に並ぶのか？」

エルヴィン「そうです」

隊長「たとえば、粒子の位置 x は、とびとびでなく、連続的な値をとる可能性があると思うが」

エルヴィン「仰せのとおり」

隊長「1とか2といった整数だけでなく、0.372 とか $\sqrt{2}$ とかいった値でも

いいわけだな？」

エルヴィン「いいのです」

隊長「じゃあ、質問させてもらうが、$x=0.372$ は、行列の対角線の上から何番目にあるのだ？」

エルヴィン「強いていうならば、0.372番目ですかね」

隊長「ほほぉ、その行列を具体的に描いてみせてくれんかね」

エルヴィン「それは無理です。行列の対角線上に連続的に数が分布しているようなイメージなんですよ。でも、離散的でないので、絵には描けない。これは、行列という概念を拡大して、連続的に要素が対角線に並ぶ、と考えるのです。無理に描くのなら、こんな感じですかね。

$$x = \begin{pmatrix} \ddots & 0 & 0 & \cdots \\ 0 & \ddots & 0 & \cdots \\ 0 & 0 & \ddots & \cdots \\ \vdots & \vdots & \vdots & \ddots \end{pmatrix}$$

ただし、対角線には、上から連続的に実数が並んでいると考えてください。対角線以外はゼロです」

> なぜ無限次元が必要なのかは難しい問題です。ただ、逆に考えるならば、「なぜ、有限次元でいいのか？」という質問も可能でしょう。物理学者でさえ、なぜ宇宙ができたのかわかりません。なぜ、このような宇宙になったのかについては、いろいろな仮説が提唱されていますが、いまだに仮説だらけで決着がつくにはほど遠い状況です。
> 「世界は行列からできている、そして、その行列であらわされる、エネルギーや座標といった物理量は、無限に多くの値をとることが可能である。だから、行列も無限でなくてはならない」
> これがとりあえずの答えです。

ハイゼンベルクの行列力学

ハイゼンベルクが第2次世界大戦中にとった行動によって、彼の輝か

しい学問的な業績に泥を塗るようなことになった点については、第1章でも述べた。学問と政治とは関係がないという考え方もあるだろう。だが、科学者といえども、人間であり、社会生活を送っている以上、大きな歴史のうねりに翻弄(ほんろう)されることもあるだろうし、その国や時代が繁栄しているために研究がスムーズに進むといったことだってある。僕は、やはり、ハイゼンベルクが量子力学を発見したのには、それなりの背景があるように思うのだ。

　ハイゼンベルクの両親の時代は、ちょうど、19世紀後半のビスマルクによる富国強兵政策によってドイツの国力が増大したころにあたる。ドイツが統一され、経済が発展し、ドイツの大学や学校は、国をささえるべき人材を供給するのが重要な役割となった。ハイゼンベルクの祖父は、ミュンヘン高校の校長をつとめ、父は、ミュンヘン大学のビザンチウム言語学教授であった。ハイゼンベルクは、当時、台頭しつつあった学歴ブルジョアの代表的な家庭に生まれたのである。

　ハイゼンベルクは、兄と仲が悪かったらしい。キャシディの伝記から引用してみよう。

> 　ハイゼンベルクは1901年に生まれたが、誕生時から、父や祖父のように、高い学歴と社会的な地位を得ることを運命づけられていた。競争によってのみ学問的な成功があると信じていた父アウグストは、ことあるごとにヴェルナーを兄エルヴィンと競争するようにしむけた。ある時など、競争が高じて、兄弟が木の椅子をふりまわして殴り合いの喧嘩をはじめたほどであった。
> (「ハイゼンベルク：不確定性原理と量子革命」『量子力学のパラドックス』より)

　あ、兄のエルヴィンは、ハイゼンベルクの宿敵エルヴィン・シュレディンガーとは関係ありません。エルヴィンというのは、かなり一般的な名前だったらしいですね。

　とにかく、量子力学がドイツで発見されたのには、それなりの社会的な

背景がある。

　今の日本には科学嫌いの子供が増えている。僕は、大学の授業で湯川秀樹、朝永振一郎という日本を代表するノーベル物理学者たちの名前を知っている学生がクラスの１％にも満たないのを知って、愕然(がくぜん)とした覚えがある。科学が嫌いで本を読まない子供たちが育っているのにも、それなりの社会的な背景があるにちがいない。

　日本では、理科系の学生に科学史を教えない。アインシュタインやハイゼンベルクといった偉大な科学者たちの人生について、もっと学ぶできではないだろうか。

　失礼、またまた脱線してしまいました。

シュレ猫談義

竹内薫「ハイゼンベルクの行列力学の例をあげよう」
亜希子「あんまり難しくしないでね」
竹内薫「原理的なことを書くとめんどくさくなるから、それは、他の教科書にゆずるとして、この本では、１つだけ具体例をやってみよう。調和振動子だ」
亜希子「シュレディンガー方程式のところで、答えだけ書いた……重りとバネの話でしょう？」
竹内薫「うん。もうしわけないが、かなり、はしょって、見通しよく結論まで突っ走るよ」
亜希子「どうぞ、どうぞ。わけがわからなくなるよりマシだわ」
隊長「うん、わしも、そのほうがいい。専門家になるわけじゃないんだから」
竹内薫「オーケー。まず、ハミルトニアンは、

$$H = \frac{p^2}{2m} + \frac{1}{2}kx^2$$

となる。k がバネ定数ですね。$2m$ とか k は定数、ようするに枝葉末節なので、１とおいてしまっていいわけだが、p と x の定義に含ませてしまってもいい。同じこと。だが、気持ち悪い人のために、ふつうの教科書のごとく、次のように変数 ω, P, Q を定義する。

$$\omega = \sqrt{\frac{k}{m}}$$

$$p = \sqrt{m\hbar\omega}\, P$$

$$x = \sqrt{\frac{\hbar\omega}{k}}\, Q$$

そうすると、ハミルトニアンは、

$$H = \frac{1}{2}(P^2 + Q^2)\hbar\omega$$

となって、P と Q の交換関係は、$[p,x] = px - xp = -i\hbar$ より

$$[P, Q] = -i$$

とカンタンな形であらわされる」

エルヴィン「これはたとえば、長さをメートルで測るかセンチメートルで測るかで物理の本質が変わらないのと同じで、こうやってスケールを変更、つまり変数を変換しても、本質は変わらないわけですね」

竹内薫「そのとおり。物理学では、よくやる手だ。こうやると、大文字の P や Q は無次元になる」

亜希子「あーあ、全然、わからないわ」

竹内薫「たとえば3メートルというのは、メートルという次元、いいかえると単位があるだろう？」

亜希子「ええ」

竹内薫「でも、すべての長さをメートルで測ることにすれば、3メートルは次元がなくなって、3という無次元の数になってしまう」

隊長「よくわからんが、つまり、比で考えるんだな？ 1メートルのものさしを基準にして、

$$3\,\mathrm{m}/1\,\mathrm{m} = 3$$

てな具合に」

竹内薫「そうです、比で考えるだけです。

$$\frac{p}{\sqrt{m\hbar\omega}}\frac{\text{kgm/s}}{\text{kgm/s}}=P$$

てな具合に。そうすれば、kg とか m といった、ややこしい単位……いいかえると次元が消えてしまいます」

隊長「ちょっと言葉遣いが混乱しておるようじゃな」

竹内薫「?」

エルヴィン「ご主人、単位と次元のことですよ」

竹内薫「あ、そうか。単位といったり次元といったりして申し訳ない。これは、英語の dimension（ディメンジョン）のことです。次元という言葉は、3次元とか4次元などと空間の拡がりの場合にも使うんだけど、元の意味は、大きさとか拡がりということで、メートルは長さの拡がりだし、秒は時間の拡がりのことだから……」

亜希子「わかったわ」

竹内薫「それで、話を元に戻して、この P は、演算子なのだ」

亜希子「わかってるわよ、

$$-i\hbar\frac{\partial}{\partial x}$$

でしょう？」

竹内薫「いやいや、それは運動量 p の演算子だよ」

隊長「おお、そうだ、比で考えるんだから、

$$\sqrt{m\hbar\omega}$$

で割ってやって、

$$\frac{-i\hbar}{\sqrt{m\hbar\omega}}\frac{\partial}{\partial x}$$

じゃろ？」

竹内薫「ええ、まあ、シュレディンガー流ではそうなのですが、ココではハイゼンベルク流の話をしているので……驚くなかれ、P は、こんな形をしています。

$$P = -\frac{i}{\sqrt{2}} \begin{pmatrix} 0 & 1 & 0 & 0 & \cdots \\ -1 & 0 & \sqrt{2} & 0 & \cdots \\ 0 & -\sqrt{2} & 0 & \sqrt{3} & \cdots \\ 0 & 0 & -\sqrt{3} & 0 & \cdots \\ \vdots & \vdots & \vdots & \vdots & \ddots \end{pmatrix}$$

面白いでしょう？ いきなり結果だけ書いたけど、本当は系統だった方法でこの行列を求めることができる。ただそれはとてもむずかしい計算なんだ。だからここでは結果だけ……」

隊長「うーむ」

竹内薫「ハイゼンベルク流でも、物理量は演算子なんだけど、微分演算子ではなくて、行列演算子になるのだ。さっきも少し言ったけど」

エルヴィン「だから、行列力学という次第」

亜希子「行列の力学かぁ。行列の右と下についている『……』という点々は何よ」

竹内薫「『『以下、無限に続く』という意味さ」

隊長「無限ってどういうことだ」

竹内薫「だから、無限に大きな行列」

隊長「いったい、何を考えとるんじゃ、とても正気の沙汰とは思えん」

竹内薫「同じように、位置 x から派生した Q は、こんな恰好。

$$Q = \frac{1}{\sqrt{2}} \begin{pmatrix} 0 & 1 & 0 & 0 & \cdots \\ 1 & 0 & \sqrt{2} & 0 & \cdots \\ 0 & \sqrt{2} & 0 & \sqrt{3} & \cdots \\ 0 & 0 & \sqrt{3} & 0 & \cdots \\ \vdots & \vdots & \vdots & \vdots & \ddots \end{pmatrix}$$

やはり無限行列」

隊長「うーむ」

亜希子「……」

竹内薫「それで、エネルギーは、すぐに計算できて、

$$E=\frac{1}{2}(P^2+Q^2)\hbar\omega=\frac{\hbar\omega}{2}\begin{pmatrix} 1 & 0 & 0 & 0 & \cdots \\ 0 & 3 & 0 & 0 & \cdots \\ 0 & 0 & 5 & 0 & \cdots \\ 0 & 0 & 0 & 7 & \cdots \\ \vdots & \vdots & \vdots & \vdots & \ddots \end{pmatrix}$$

となる。これは、前に紹介した、調和振動子のエネルギー、

$$E=\left(n+\frac{1}{2}\right)\hbar\omega, \quad n=0,1,2,3,\cdots\cdots$$

が対角線上に並んでいるわけ」

隊長「シュレディンガー方程式に出てきた波動関数はどこへいった？　行列力学になると消えてしまうのか？」

竹内薫「あまり深入りしたくないんだけれど、感じをつかんでもらうために書くと、たとえば、

$$\psi_0=\begin{pmatrix}1\\0\\0\\0\\\vdots\end{pmatrix} \quad \psi_1=\begin{pmatrix}0\\1\\0\\0\\\vdots\end{pmatrix} \quad \psi_2=\begin{pmatrix}0\\0\\1\\0\\\vdots\end{pmatrix}$$

というふうに書くことができる」

亜希子「あ、なんとなくわかったわ！　行列の演算子がψにかかると、たとえば、

　　エネルギーの行列演算子┐　　　　　ψ_2 ┐　　　┌対角線の３番目

$$\frac{\hbar\omega}{2}\begin{pmatrix} 1 & 0 & 0 & 0 & \cdots \\ 0 & 3 & 0 & 0 & \cdots \\ 0 & 0 & 5 & 0 & \cdots \\ 0 & 0 & 0 & 7 & \cdots \\ \vdots & \vdots & \vdots & \vdots & \ddots \end{pmatrix}\begin{pmatrix}0\\0\\1\\0\\\vdots\end{pmatrix}=\frac{5\hbar\omega}{2}\begin{pmatrix}0\\0\\1\\0\\\vdots\end{pmatrix}$$

となって、固有関数に応じた固有値、今の場合だと、3番目のエネルギーがピックアップされるって寸法ね?」

竹内薫「そうだね、今、亜希子が書いた式を抽象的に書くと、

$$H\psi_2 = E_2 \psi_2$$

$$E_2 = \frac{5\hbar\omega}{2}$$

となるのだ。行列力学においては、ψ は波動関数ではなく、『状態ベクトル』と呼ぶ。状態に応じて、エネルギーが決まるというわけ」

隊長「なんとなく、やっていることはわかったが、依然として、シュレディンガー方程式のときの微分演算子と、今やっている行列演算子との関係がよくわからん」

竹内薫「実は、量子力学の本質は、微分演算子とか行列演算子といった具体的な演算子の恰好ではなく、

$$[p, x] = px - xp = -i\hbar$$

という交換関係にあるということは前にも述べたね。これを満たすような演算子であれば、早い話がなんだっていいのさ。シュレディンガー流では、微分演算子を使って微分方程式を解くことになる。ハイゼンベルク流では、行列演算子をいじくることになる。ハイゼンベルク流では、本当は、p や x が時間に依存して、波動関数は時間に依存しないし、方程式も変わるんだけれど、それは、もっと高度な教科書を見てください」

エルヴィン「ご主人、エルミート行列の話はしなくていいんですか?」

竹内薫「あ、そうだね。エルミートというのは、実数成分の行列の『対称行列』を複素数成分の場合まで拡張したもの。

> [エルミート行列] 転置して複素共役をとったら元に戻るような行列

記号で書くと、エルミート行列を $\dagger$(ダガー)、転置行列を t、複素共役を $*$ として、

$$A^\dagger = (A^t)^* = A$$

ということ。転置とは行列の対角線を軸として、ぐるっと回して要素を入れか

えた行列です。$(A')_{ij} = A_{ji}$ となります。

『観測可能な物理量』は、行列力学ではエルミート行列であらわされる。なぜなら、観測可能ということは、数学的には、固有値問題が解けるということであり、それは、いいかえると、行列が対角化できるということであり、エルミート行列は必ず対角化できることが数学的に証明されているから。実はこの節のはじめでやった対角化がこのことだったのだ。たとえば、運動量 p は観測可能なはずだから、エルミート行列になっている。」

4.2. 場(ば)の量子論

目標は量子論と相対論の結婚?

　場の量子論というのは、ある意味で、現代数理物理学の最終到達点にあたる。まさに、「場(空間の各点にスカラーやベクトルといった「数学的物体」が存在すること)」という概念と「量子論」を融合した理論なのだ。

　もちろん、ゼロからはじめて、そんな最終到達点まで勉強することは不可能なのはわかっている。でも、その考え方のエッセンスだけなら、このような副読本でもあつかうことは可能だと思う。

　それにしても、そもそも、なぜ、「場」と「量子論」を一緒にしないといけないのか？

「場」という考えは、もともと、ニュートン力学に対するアンチテーゼ(対立する理論)として提出された。そもそも、ニュートンの万有引力(重力)のように、離れた2点のあいだを瞬時に力が伝わるというのは、17世紀当時の人々が考えても、

「なんだかおかしいぞ」

というところがあったわけです。

　ファラデーの後をついだマックスウェルは、力が近くから徐々に遠くに伝わる、という原理(近接作用の原理という)にもとづいて、美しいマックスウェルの方程式を書き上げて、電磁気学を完成させた。

　その後、20世紀になって、アインシュタインが相対性理論を提唱した

のだが、相対性理論は不思議なことに、マックスウェルの電磁気学とは整合的だったが、ニュートン力学とは矛盾することがわかった。

それは、当たり前といえば当たり前の話であって、相対性理論では、光は毎秒30万キロという有限の速度で伝播するわけで、この速度は、マックスウェルの電磁気学における電磁波の速度と同じなのだ。そして、瞬間的に力が伝わるニュートン力学では、光の速度は無限大ということになる。だから、アインシュタインの理論は、力が徐々に伝わるとしたマックスウェルの理論と相性がよくて、ニュートン力学とは相性が悪いのだ。

もちろん、実験でも、マックスウェルのほうに軍配が上がった。

となると、力が徐々に伝わるという近接作用の原理をもとにした「場」の理論と「量子論」とを一緒にするのは当然のなりゆきだといえよう。

アインシュタインの相対性理論には、実は、2つあって、ここで話しているのは「特殊」相対論のほうです。もう一方の「一般」相対論は、重力を「場」の考えであつかう理論で、残念ながら、重力場を量子力学と一緒にする試みは、この本の執筆時点で、誰も完全には成功していない……。

究極の理論に必要なもの

さて、場の量子論の構造は、次のようにまとめることができる。

場の量子論

  1 調和振動子
  2 フーリエ変換

数学的には、この2つが場の量子論のポイントであり、これでエッセンスはつくされる。

量子力学を学びはじめると、必ず調和振動子が出てくるのだが、それには、いろいろな理由がある。第1に、調和振動子が簡単で典型的な例であること。第2に、調和振動は、さまざまな物理現象の背後に隠れている普遍的なものであること。たとえば、振り子の振動にしても、近似的には調和振動になるし、それどころか、ほとんどの振動現象は、振れが小さいときは調和振動で近似できるのだ。第3に、電磁場も、無数の調和振

動子の集まりとみなすことができる。早い話が、物理学を学ぶ以上、調和振動子は避けて通ることができないのである。

 だから、ある意味で究極の理論形式である場の量子論に調和振動子が必要になることは理解できる。「場」というのは、そもそも、無数の小さな(無限小の！)調和振動子の集まりだと考えることができるので、それを量子的にあつかうことで、場の量子論になるのだといえる。

 ここまではいい。だが、ポイントの2つ目のフーリエ変換とは何なのだ？

 実は、フーリエ変換は、「不確定性原理」と密接に関係している。本文では、あえて踏み込まなかったのだが、ここでは、その極意をわかりやすく述べてみたい。

フーリエ変換とはなにか

 フーリエ変換というのは、目の前で(実際に)起こっている現象を波の目で見る数学的な方法のことである。といっても、これだけでは、意味不明なので、ちょっと例を見ることにする(計算の詳細は、フーリエ級数とかフーリエ変換の教科書をご覧いただきたい)。

 例　サインを x であらわす(波の空間を座標空間であらわす)

 三角関数は波をあらわすのに使われるのだが、これをふつうの $y=a_0+a_1x+\cdots+a_nx^n$ という多項式であらわすことを考える。第1近似として、原点の近くを大きく拡大してみると、$(\sin x)'=\cos x$ だから原点では傾きが1、つまり

$$\sin x \approx x$$

であることがわかる(図4-2)。

 だが、第2近似、第3近似、……というふうに精度をあげてみると、

$$\sin x \approx x - \frac{x^3}{6} + \frac{x^5}{120} + \cdots$$

となって、どうやら、x の奇数乗の項だけであらわすことができることが

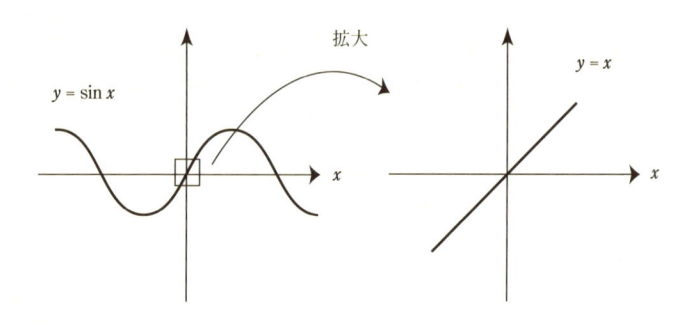

図 4-2 sin x の拡大

わかってくる。いずれにせよ、波をあらわすサインという関数は x の多項式で近似することができるのだ。項の数を無限に増やせば、x の多項式でサインに限りなく近づくことができる。

この近似は、$x=0$ の周囲(近傍)でだけうまくいくことに注意する必要がある。実際、サインのグラフを考えればわかるように、$\sin(\pi/2)=1$ なので、そこまで視野を拡げれば、傾きが $2/\pi$ だから、

$$\sin x \approx \frac{2}{\pi} x$$

とでもしたほうがいい。

次に、逆の問題を考えてみる。

例 $y=x$ をサインであらわす(座標空間を波の空間であらわす)

$y=x$ という関数をサインで近似してみる。第1近似は、

$$x \approx 2 \sin x$$

である。さきほどからサインが x になったり、$(2/\pi)x$ になったりしているが、今度は、サインが $0.5x$ というわけだ。というのも、ここでは、$-\pi$ から π までの広い範囲で平均的に合うように近似しているから、こうなる。範囲を決めて話をすれば、こういう食い違いは生じないのだが、わざとやっている。範囲を変えれば近似する関数の形もちがうことを実例

で理解してもらいたいからだ。さて、第3近似まで書いてみると、

$$x \approx 2\sin x - \sin 2x + \frac{2}{3}\sin 3x$$

となって、どうやら、$\sin(kx)$という形の関数の和であらわすことができ

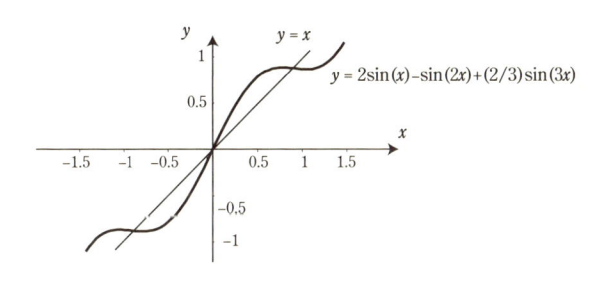

図4-3 $y=x$ を sin で近似する

るらしいと推論できる。

これを、記号で、

$$x \approx 2\sin x - \sin 2x + \frac{2}{3}\sin 3x + \cdots = \sum_{k}^{\infty} a_k \sin(kx)$$

と書くことにする。単に和をあらわすシグマ記号を使っただけ。k は、単位長さ(たとえば1センチ)に含まれる波の数を意味する「波数」である。波長の逆数である。x が時間を意味するときは、「周波数」という。単位時間に振動する回数のことである。

さて、この例を一般化してみよう。まず、座標空間の関数 $\psi(x)$ を考えて、これをサインやコサインであらわすことにする。$\psi(x)$ は複素数でもいいので、サインとコサインを一緒にした $\exp(ix)$ を使うと、

$$\psi(x) = \sum_{k}^{\infty} a_k e^{ikx}$$

と書くことができる($e^{ikx} = \cos kx + i\sin kx$)。

いきなり、この式を見ると「難しい」と叫んでしまうかもしれないが、あくまでも、具体例を一般化しただけなので、あまり怖がらないでください。

私の祖母が教えてくれました。
「昔、山みたいな洗濯物を前にして、嫌だ、嫌だ」
と言っていたら、母親に、
「見るから嫌になるのです。見るから怖くなるのです」
と諭されたそうな。
　何事も外見に惑わされてはいけません。
　さて、さらに一般化して、整数の k が実数でもいいことにしよう。すると、和は積分になって、$\sum$ を $\int \mathrm{d}k$ に変えて、

$$\psi(x) = \int_{-\infty}^{\infty} a(k) e^{ikx} \mathrm{d}k$$

になる。これが、フーリエ積分とかフーリエ変換と呼ばれるものだ。
　$a(k)$ は、ようするに、「関数 $\psi(x)$ には、波数 k の波がどれくらい含まれているか」を意味している。つまり、波の振幅である。ふたたび、

$$x \approx 2\sin x - \sin 2x + \frac{2}{3}\sin 3x + \cdots = \sum_k a_k \sin(kx)$$

という例に戻って確認してみると、x という関数には、波数 $k=1$ の波が振幅 2 の割合で含まれているし、波数 $k=2$ の波が振幅 (-1) で含まれているし、波数 $k=3$ の波は振幅 $(2/3)$ の割合で含まれていることになる。
　フーリエ変換の身近な例は、なんといっても、三角プリズムを使った光の分解だろう。これは、光にどんな周波数の波がどのような割合(強度)で含まれているかをみるものだ。
　われわれは、関数 $f(x)$ をグラフにすることには慣れている。それは、座標空間でものごとを見る目である。
　だが、量子力学には、別の視点が必要になる。それが、波数空間で関数を見る目である。「関数 $f(x)$ には、サインやコサインといった波の成分が、どのような割合で含まれているのか？」そういう視点でものごとを見るのがフーリエ変換なのである。
　第 1 章に出てきた不確定性原理は、「座標空間での関数の拡がりと、波数空間での関数の拡がりとを、両方同時には小さくできない」という事情を述べている。

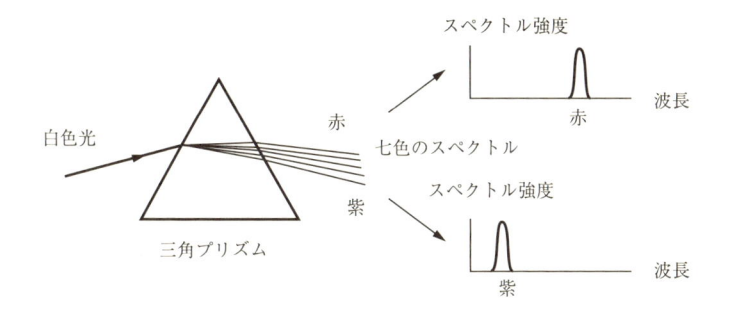

図4-4 フーリエ変換の身近な例。ここでは波長で示してあるが、波長の逆数の周波数でも話は同じ。フーリエ変換は、実空間から波空間に視点を移すことにあたる

ニールス・ボーアは、量子の不思議な性質を「二重性」という言葉で表現した。粒子と波動の二重性である。フーリエ変換の立場から見るならば、粒子性というのは、量子の波動関数が座標空間で狭い範囲に集中していて波数空間では拡がっている状態にほかならない。そして、波動性というのは、量子の波動関数が波数空間では狭い範囲にあって座標空間では拡がっていることを意味する。

シュレ猫談義

隊長「場の量子論とやらについては聞かせてもらえんのかね？」

竹内薫「場の量子論ですか……ふつう、入門書には出てこない話題ですけどね」

隊長「ふつうの入門書を読めばいいのなら、この本はいらないじゃろ？」

亜希子「そうよね、なんか、こう、とても高尚で手が届かないようなものを、目からウロコのように理解したいもんね」

竹内薫「虫のいい注文だなぁ。ま、努力してみますがね……調和振動子のハミルトニアンは、

$$H = \frac{1}{2}(P^2 + Q^2)\hbar\omega$$

だったよね(188ページ)」

亜希子「ハイゼンベルクの行列力学のところに出てきたわね」

竹内薫「P は運動量で Q は位置をあらわす。ここで、P と Q の足し算と引き算みたいな、正体不明の2つの演算子、

$$a = \frac{Q+iP}{\sqrt{2}}$$

$$a^\dagger = \frac{Q-iP}{\sqrt{2}}$$

を定義すると、大変なことが起こる」

隊長「大変なこと？」

竹内薫「ああ、みていてご覧よ。まるで仏教のような世界になるから」

亜希子「？？？」

隊長「？？？」

竹内薫「P と Q の具体的な行列の形はわかっているのだから、a と $a^\dagger$ の形もわかるよね。

$$a = \begin{pmatrix} 0 & 1 & 0 & 0 & \cdots \\ 0 & 0 & \sqrt{2} & 0 & \cdots \\ 0 & 0 & 0 & \sqrt{3} & \cdots \\ 0 & 0 & 0 & 0 & \cdots \\ \vdots & \vdots & \vdots & \vdots & \ddots \end{pmatrix}$$

$$a^\dagger = \begin{pmatrix} 0 & 0 & 0 & 0 & \cdots \\ 1 & 0 & 0 & 0 & \cdots \\ 0 & \sqrt{2} & 0 & 0 & \cdots \\ 0 & 0 & \sqrt{3} & 0 & \cdots \\ \vdots & \vdots & \vdots & \vdots & \ddots \end{pmatrix}$$

と書くことができる。そして、ここで、状態ベクトルの

$$
\underset{\underset{\psi_0=}{\downarrow}}{\text{量子が0個}}\begin{pmatrix}1\\0\\0\\0\\\vdots\end{pmatrix},\ \underset{\underset{\psi_1=}{\downarrow}}{\text{量子が1個}}\begin{pmatrix}0\\1\\0\\0\\\vdots\end{pmatrix},\ \underset{\underset{\psi_2=}{\downarrow}}{\text{量子が2個}}\begin{pmatrix}0\\0\\1\\0\\\vdots\end{pmatrix}
$$

が、それぞれ、量子がゼロ個の真空、量子が1つある状態、量子が2つある状態……をあらわすのだと解釈すると、a と $a^\dagger$ は、量子を消したり創ったりする演算子だと考えられる」

隊長「え？」

竹内薫「ためしに、量子がゼロの真空に生成演算子 $a^\dagger$ をかけてみると、

$$
\underset{\underset{}{\downarrow}}{\text{演算子}}\begin{pmatrix}0&0&0&0&\cdots\\1&0&0&0&\cdots\\0&\sqrt{2}&0&0&\cdots\\0&0&\sqrt{3}&0&\cdots\\\vdots&\vdots&\vdots&\vdots&\ddots\end{pmatrix}\underset{\underset{}{\downarrow}}{\text{量子0個}}\begin{pmatrix}1\\0\\0\\0\\\vdots\end{pmatrix}=\underset{\underset{}{\downarrow}}{\text{量子1個}}\begin{pmatrix}0\\1\\0\\0\\\vdots\end{pmatrix}
$$

となって、ほら、量子が1個の状態になった。ゼロ個の状態に $a^\dagger$ をかけると、1個の状態になる。つまり、$a^\dagger$ は、粒子を1個増やす演算子というわけだから、$a^\dagger$ は生成演算子と呼ばれる」

隊長「おお！」

亜希子「なんだか凄いみたい」

竹内薫「ψ という記号をやめて、ディラック流に書くと、真空は $|0\rangle$、1粒子状態は $|1\rangle$、2粒子状態は $|2\rangle$、n 粒子状態は $|n\rangle$ などと書くことができて、今やった計算は、

$$a^\dagger|0\rangle = |1\rangle$$

と書くことができる。$a^\dagger$ は量子を1個増やすのに対して、a は量子を1個減らすはたらきをする。生成の逆は消滅なので、a は消滅演算子と呼ばれている。実は、

$$a|n\rangle = \sqrt{n}|n-1\rangle$$

$$a^\dagger|n-1\rangle = \sqrt{n}|n\rangle$$

という公式が成立し、これが場の量子論のエッセンスなのだ」

亜希子「真空に生成演算子 $a^\dagger$ を n 個かけると、量子が n 個の状態になるのね?」

竹内薫「そうだ」

亜希子「真空に消滅演算子 a をかけたらどうなるのかしら?」

竹内薫「真空には量子が1つもないのだから、もう消すことができない。だから、

$$a|0\rangle = 0$$

と定義する。これが真空の定義なんだよ。つまり、それ以上、量子を消すことができないような状態」

亜希子「これで終わり?」

竹内薫「この演算子は、場の量子論では、運動量(波数)空間の演算子なんだけど、そこまでやるにはフーリエ変換の数学が必要になるので、まあ、ここら辺でやめておこう」

隊長「場の量子論からパウリの排他律が出てくると聞いた覚えがあるが」

竹内薫「いたた。紹介ついでに、もう1つやるとするか……今やった場の量子論は、光子のようなボソンという種類の量子にだけあてはまるんだ。本文の冒頭に出てきた、光子を箱に入れる思考実験があったよね。光子は、いくつでも同時に箱に入れることができる。そして、ボソンについては生成・消滅演算子のあいだに、

$$[a, a^\dagger] = 1$$

という交換関係が成り立つ。生成・消滅演算子も状態ベクトルも無限に大きい。ところが、世の中には、電子のようなフェルミオンという種類の量子も存在する。フェルミオンの場合は、生成・消滅演算子を $c^\dagger$、c と書くと、

消滅演算子　　　生成演算子
↓　　　　　　　↓

$$c = \begin{pmatrix} 0 & 1 \\ 0 & 0 \end{pmatrix}, \quad c^\dagger = \begin{pmatrix} 0 & 0 \\ 1 & 0 \end{pmatrix}$$

量子0個　　　量子1個
↓　　　　　　↓

$$|0\rangle = \begin{pmatrix} 1 \\ 0 \end{pmatrix}, \quad |1\rangle = \begin{pmatrix} 0 \\ 1 \end{pmatrix}$$

などとなって、なんと、真空 $|0\rangle$ と1粒子状態 $|1\rangle$ しか存在しない。実際、たとえば、電子が1つある状態に、同じ電子を加えて2粒子状態にしようとすると、

$$c^\dagger |1\rangle = 0$$

となってしまって、そのような状態は存在しないことがわかる。つまり、電子は、同じ状態に2つ以上の電子が入ることができない。席取りゲームの椅子が1つしかないようなもので、2つ目の電子は排他されてしまう。これがパウリの排他律だ。原子のまわりには電子があるのだけれど、パウリの排他律によって、同じ状態には1つの電子しか入ることができないので、それが、原子や分子の性質に大きく影響するわけ」

亜希子「フェルミオンの生成・消滅演算子も交換関係を満たすの？」

竹内薫「いや、反交換関係といってね、

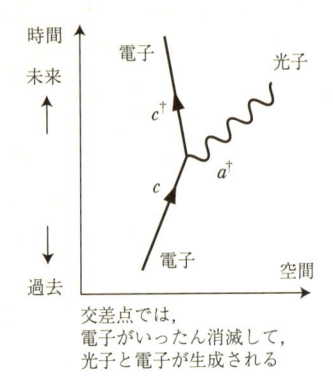

図4-5 ファインマン図

交差点では、電子がいったん消滅して、光子と電子が生成される

ココがマイナスでなくプラス！
↓
$\{c, c^\dagger\} = cc^\dagger + c^\dagger c = 1$

という関係を満たすんだ。交換関係は引き算だったけど、反交換関係は、その反対で足し算になる」

亜希子「ふーん、なんとなくイメージがつかめた感じ」

隊長「凄いな。ゼロから学んで、場の量子論のエッセンスまできてしまったわけか。なんだか得した気分じゃ」

竹内薫「ちなみに場の量子論の生成と消滅の演算子は、ファインマン図というグラフであらわすことができる。素粒子物理学者たちは、実験の予測や解析を行う際、このようなグラフを描いて計算をするんだ」

おわりに

　対話が売りの副読本のわりには、なんとも尻切れトンボでオチがない。失礼つかまつった。
　だが、無理矢理にオチをつけようとすると、かえって、SFの世界に入り込んでしまって、それでは、まじめ（？）な副読本の色彩が損なわれてしまうような気がしたのです。
　実際、エルヴィンが本物のシュレ猫であって、生きた状態と死んだ状態のあいだをさまよっているから、突然、消えたりするのだ！　というようなオチを考えてはいたのです。また、以前、妹と共著で『シュレディンガーの哲学する猫』という本を書いたときにシュレ猫が登場したので、そのキャラクターを踏襲（とうしゅう）しようかとも考えたのですが、やはり、やめにしました。
　というわけで、オチがつかないで落ち着かない読者のために、最近のネイチャー誌に出ていたシュレ猫の最新事情をご紹介して、この副読本のオチにかえることとしたい。
　2000年7月6日号のネイチャー誌には、マクロ（巨視的）な物体であるにもかかわらず、シュレディンガーの思考実験さながら、2つの状態の重ね合わせが可能になった、という論文が出ていた。難しい内容の論文だったが、一般科学者向けの解説記事も掲載された。その解説記事の題名とリードは、こんなふうになっている。

シュレディンガーの猫はデブになった

シュレディンガーの死んでいるのに生きている猫は、電子や原子の世界の物理学をわれわれの巨視的な世界にあてはめた思考実験だった。超伝導を使った新しい実験は、理論的なアイディアと現実との溝をせばめてくれた。

　これは、SQUID（超伝導量子干渉計）と呼ばれる装置を使って、早い話が、リングを右回りに回る電流状態と左回りに回る電流状態の重ね合わ

せをつくってしまったのである。

え？　右回りと左回りの重ね合わせ？

そうです。それが、シュレディンガーの考えた、生きた状態と死んだ状態にあたるわけです。

これまで、シュレディンガーの猫が実験的に実現できない理由として、生きている猫は体温が高すぎるので、系の乱れの度合いが大きくなり、とてもじゃないが、非常にデリケートな量子的重ね合わせにはできない、ということがいわれてきた。

マクロな系の量子力学は、とても話が微妙で、残念ながら、この本では詳細に立ち入ることができない。

だが今回の論文が凄いのは、低温ではあるが、とにかく、これまで重ね合わせることができないと思われていた巨視的な物体の重ね合わせ状態をつくってしまった点にある。

もちろんエルヴィンは、依然として重ね合わせることができないが、理論上の産物と思われていたシュレディンガーの猫に実験的に一歩近づいたことは確かだ。

量子力学という分野は、一見、半世紀以上前の古い理論というイメージが強いのだが、今日でもなお、世界の最先端の論文として発表が続いている活気ある分野なのだ。また、世界中の数理物理学者たちが血眼になって追い求めている量子重力理論だって、その基礎には、やはり、量子力学がある。エンジニアだけでなく、物理や化学を専門的に勉強する人にとっても必須の知識であることはいうまでもない。

この本では、ゼロからはじめて、量子力学のおぼろげな全体像をつかんでもらうように努力したつもりだ。ちょっと数式が多かったかもしれないが、途中を省略せずに、できるだけ導出を書いたつもりだ。だから、最初は飛ばしてしまった箇所も、後から、1行ずつ追ってご覧になれば、きっと、わかるにちがいない。

それでもわからない場合は、遠慮なく、質問を送っていただきたい。ただし、順番に返事を書いているので、最短で数時間、最長だと3ヶ月くらいかかることがありますので、あらかじめ、ご了承ください。なお、質

問の数が多くてさばききれないのが実情なので、申し訳ありませんが、質問内容は、本書の中身に関することだけに限定させてください。そうしないとパンクしてしまうのです。なお、激励文は、いつでも大歓迎です。

いつものことではあるのですが、一匹狼であるため、力及ばず、どうしても、記述の誤りや数式のミスなどが残ってしまうことがあります。できるかぎり気をつけているつもりですが、たまに、とんでもないミスがあって冷や汗が流れることがあります。お気づきの点は、どうか、編集部あるいはサイト（http://kaoru.to、yukawa@kaoru.to）あてにお送りください。サイトに正誤表を掲載し、もしも重版の機会があれば、本のほうも直すようにいたします。

間中千元氏には、原稿を読んでいただき、貴重なコメントをいただいた。講談社サイエンティフィクの大塚記央氏には、内容のコメントから図版の調達まで、お世話になりっぱなしであった。ここに記して、厚く感謝いたします。

いつもながら、支えてくださっている読者のみなさまには心より感謝いたします。より良い本づくりと文化の発展のため、これからも、頑張っていきたいと考えています。

　　　　　　　　　　　　　　2001年　早春　鎌倉浄明寺にて
　　　　　　　　　　　　　　　　　　　　　　　竹内　薫

参考書

　たくさんあげても用をなさないので、きわめて厳選してご紹介いたします。数式本は●、数式があまり出てこない本は○で分けてあります。

　まず、この本が少し難しかった人、特に数式が嫌いな人は、
○『マンガ量子論入門』J. P.マッケボイ（文）オスカー・サラーティ
　（絵）治部眞理（訳）講談社ブルーバックス
をお読みになったらいかがでしょう。
　この本の数式部分がきつかった人は、とりあえず、
●『数学再入門 I、II』林周二（著）中公新書
あたりで復習してみてください。数学ができなくては、やはり、量子力学は理解できません。僕は林先生に統計学を教わったけれども、とてもいい先生でした。この本は、数学に強くなりたい人には絶対にオススメです。
　この本よりレベルが上で、物理的な内容も詳しいものが読みたい人は、
●『なっとくする量子力学』都筑卓司（著）講談社
●『量子力学入門』阿部龍蔵（著）岩波書店
●『初等量子力学』原島鮮（著）裳華房
●『量子力学の考え方』砂川重信（著）岩波書店
あたりが定番でしょう。都筑先生の本は、もう、お馴染みなので、いまさら僕ごときがコメントする必要はないですね。阿部先生には、大学のとき、統計力学を教わったけれど、教科書もギャップがなくて勉強しやすい。
　外国のものでは、なんといっても、
●『ファインマン物理学V　量子力学』ファインマン、レイトン、サンズ（著）砂川重信（訳）岩波書店
が必読書。
　量子論のために解析力学をゼロから学びたい人は、やはり、
●『量子力学を学ぶための解析力学入門　改訂版』高橋康（著）講談社
がいいでしょう。僕も学生のときに読みました。

◎参考書 209

本書に出てきたボーム式の量子力学の教科書もある。
- 『The Quantum Theory of Motion』P.R.Holland（著）Cambridge

数学の本だが、微分方程式は、
- 『ブラック・ショールズ微分方程式』石村貞夫、石村園子（共著）東京図書

がオススメ。本書でも偏微分の図を描くときに参考にさせていただいた。もともと、金融工学のための本だが、一読の価値あり。
- 『無限小解析の基礎』H. J.キースラー（著）齊藤正彦（訳）東京図書

は、いわゆるロビンソンの無限小解析の入門書。

本書では深く扱わなかったハイゼンベルクの行列力学の教科書もあげておこう。
- 『ハイゼンベルク形式による量子力学』H. S.グリーン（著）中川昌美（訳）講談社

それから、名著として、量子力学を勉強する以上、いずれは手にとってもらいたい本。
- 『ディラック量子力学』P. A. M.ディラック（著）朝永振一郎、玉木英彦、木庭二郎、大塚益比古、伊藤大介（共訳）岩波書店

あと、本文中で（陰に陽に？）引用させていただいた本もあげておこう。教科書という性格上、あまり本文中で明確に示さなかったかもしれないが、お許し願いたい。以下にあげる本は、いずれも、おおいに参考にさせてもらいました。
- ○『量子力学の反乱』町田茂（著）学習研究社
- 『Physics』J. Orear（著）Collier Macmillan
- 『Concepts of Modern Physics 4 th ed.』A. Beiser（著）McGraw-Hill
- ○『The Infamous Boundary』D. Wick（著）Copernicus
- 『演習　量子力学』岡崎誠、藤原毅夫（共著）サイエンス社
- 『現代工学のための超関数入門』高橋宣明、松浦武信、古田正廣、篠崎寿夫（共著）現代工学社
- （○?）『The Meaning of Quantum Theory』J. Baggott（著）Ox-

ford
- 『量子力学のパラドックス』日経サイエンス編
- 『量子力学のイデオロギー』佐藤文隆（著）青土社

本書でふれることのできなかった「観測問題」は、ある意味で、
- 『Quantum Mechanics』K．Gottfried（著）Perseus

の185頁から189頁に正しい解決案が書かれているような気がする。1965年に出た教科書。著者のGottfriedは、最近もネイチャー誌に量子力学の統計解釈について独自の見解を発表しています。僕が大学院の1年のときに使った教科書です。

最後に、手前味噌ではありますが、自分の本で量子力学に関係のあるものをいくつかあげさせてください。
- 『ペンローズのねじれた四次元』講談社ブルーバックス
- 『「場」とはなんだろう』講談社ブルーバックス
- 『アインシュタインとファインマンの理論を学ぶ本　増補版』工学社

付録　ミニテストの答え

1　$(a+b)^2 = (a+b)\times(a+b) = a^2+2ab+b^2$。わからなくなったら、定義に戻って計算するのが定石。

2　$\dfrac{1}{a}+\dfrac{1}{b}=\dfrac{b}{ab}+\dfrac{a}{ab}=\dfrac{b+a}{ab}=\dfrac{a+b}{ab}$ となる。いわゆる通分。

3　10^{-10} は定義から、10^{10} が分子にきたもの。「－ナントカ乗」の－は、「分母にくる」という意味。$10^{-10}=\dfrac{1}{10^{10}}$ なので、その半分は 5×10^{-11}。

4　$\dfrac{A}{B}+\dfrac{X}{Y}=\dfrac{AY+BX}{BY}$。2番と同じように通分の問題。

5　$\dfrac{4}{\left(\dfrac{1}{2}\right)}=4\times 2=8$

6　$\sqrt{16ab}=\sqrt{16}\times\sqrt{ab}=4\sqrt{ab}$

7　$0.5\times 10^{-8}=5\times 10^{-9}$。3番と同じように計算すればよい。

8　$\dfrac{10^{-10}}{10^{-5}}=10^{-10}\times 10^5=10^{-10+5}=10^{-5}$。わかりづらい場合は、3番と同じように全部、書いてみれば理解できるはず。わからなくなったら定義に戻っていちいち書いてみるのが鉄則。

9　$\log AB=\log(A\times B)=\log A+\log B$ となる。同様に、$\log\dfrac{A}{B}=\log A-\log B$ などとなる。高校の数学の教科書を見てほしい。基本的な公式です。

10　$\sin(A+B)=\sin A\cos B+\cos A\sin B$。同様に、$\cos(A+B)=\cos A\cos B-\sin A\sin B$ などとなる。これも基本中の基本なので、高校の教科書を見ること。

　数学の復習のよい参考書として、再度、中公新書の「数学再入門　I、II」林周二著をあげておきます。

索　引

SQUID　205

あ

アインシュタイン　66,147,152,167,193
アスペ　167
アップ　130,163
アリストテレス　111
一般相対性理論　154
ウィークボソン　131
運動エネルギー　67,80
エルミート行列　181,192
エルミート多項式　99
円運動　97
円偏光　28
オイラーの公式　52
オッペンハイマー　146

か

解釈　65
回折　21
確率解釈　71,165
重ね合わせ　22
カルダノの公式　137
干渉　22
軌道角運動量　127,129
軌道量子数　122,125,129,160
クーロン　106
クーロン定数　106
クーロンの法則　105
クーロンポテンシャル　107
クーロン力　105
クォーク　9,131
グルーオン　131
クローニッヒ　131

交換関係　127
格子　29
光子　10,18
光速　33
コーシー　60
古典的　5,17,28
古典力学　126
コペンハーゲン解釈　66,71,152,165

さ

磁気量子数　122,160
指数関数　51,140
自由粒子　86
シュテルン＝ゲルラッハの実験　130
主量子数　122,160
シュレディンガー　66,152
シュレディンガーの猫　170,205
シュレディンガー方程式　6,67,81,85,
　　134,144
状態ベクトル　192
水素原子　3,9,10,110,121
スピン　126,131,163
スピン角運動量　127,132
前期量子論　104,110
素粒子　9

た，な

ダイオード　2,103
対称行列　181,192
ダウン　130,163
中性子　9,131
超伝導量子干渉計　205
調和振動子　96,194
直線偏光　28

ディラック　43,104,143,182
ディラック定数　67
ディラックの記法　143,160,173
ディラックのブラケット　143
電子　3,10,20
電子ヴォルト　32,48
電子の干渉　23
電磁放射　4
等速円運動　98
ドゥブロイ　43,47,66,75,152
ドゥブロイの関係式　75
特殊相対性理論　154
朝永振一郎　182
トランジスタ　2,103
トルク　104,112
トンネル効果　27,103,132
波　22
波の干渉　23
ニュートリノ　131
ニュートン力学　17,67,193
ノイマン　182

は

ハイゼンベルク　35,44,47,67,152,185
ハイゼンベルクの行列力学　176
ハイゼンベルクの不確定性　44
パウリ　131
波束　41
波動　23,37
波動関数　66,133
ハミルトニアン　67,79,80,187
ハミルトン　67
ハミルトン方程式　83
バリアー　132
引数　39
微分方程式　71,176
ヒルベルト　182
ファインマン　114

ファインマン図　204
ファインマンの経路積分　128
ファラデー　193
フーリエ級数　41,195
フーリエ積分　41
フーリエ変換　194
フェルミオン　132
不確定性　41,120
不確定性原理　35,154,195
物質波　75
ブラックホール　25
プランク　43
不連続　6
ベクトル積　113
ベル　166
ベルトルマン　159
偏光フィルター　27,29,160
ボーア　66,104,110,152,167,199
ボーム　66,146,152
ボソン　132
ポテンシャルエネルギー　68,80,96
ポドルスキー　160
ボルツァノ　60
ボルン　152

ま, や, ら, わ

マックスウェル　193
ユニタリ行列　181
ヤング　157
陽子　9,131
ライプニッツ　60
ラザノフォードの原子模型　104
粒子　23
量子　10
量子化　75,119
量子的　5
量子の飛躍　6
量子ポテンシャル　148

量子力学　126
連続的　6
ローゼン　160
ワイアストラス　60

著者紹介

竹内　薫（たけうち　かおる）

1960年　東京生まれ。
東京大学理学部物理学科卒業。
マギール大学大学院博士課程修了。
専攻は高エネルギー物理学理論。Ph.D.。

NDC420　222p　21cm

ゼロから学ぶシリーズ
ゼロから学ぶ量子力学（まなぶりょうしりきがく）

2001年4月20日　第1刷発行
2005年7月20日　第7刷発行

著　者	竹内　薫（たけうち　かおる）
発行者	野間佐和子
発行所	株式会社　講談社
	〒112-8001　東京都文京区音羽2-12-21
	販売部　(03)5395-3625
	業務部　(03)5395-3615
編　集	株式会社　講談社サイエンティフィク
	代表　佐々木良輔
	〒162-0814　東京都新宿区新小川町9-25　日商ビル
	編集部　(03)3235-3701
印刷所	豊国印刷株式会社・半七写真印刷工業株式会社
製本所	株式会社国宝社

落丁本・乱丁本は購入書店名を明記のうえ、講談社業務部宛にお送り下さい。送料小社負担にてお取替えします。なお、この本の内容についてのお問い合わせは講談社サイエンティフィク編集部宛にお願いいたします。定価はカバーに表示してあります。

© Takeuchi Kaoru, 2001

JCLS　〈(株)日本著作出版権管理システム委託出版物〉
本書の無断複写は著作権法上での例外を除き禁じられています。複写される場合は、その都度事前に(株)日本著作出版権管理システム（電話03-3817-5670、FAX 03-3815-8199）の許諾を得てください。

Printed in Japan

ISBN4-06-154651-1

講談社の自然科学書

ゼロから学ぶシリーズ

ゼロから学ぶ力学 　　都筑卓司／著	定価	2,625 円
ゼロから学ぶ熱力学 　　小暮陽三／著	定価	2,625 円
ゼロから学ぶ相対性理論 　　竹内 薫／著	定価	2,625 円
ゼロから学ぶ電子回路 　　秋田純一／著	定価	2,625 円
ゼロから学ぶディジタル論理回路 　　秋田純一／著	定価	2,625 円
ゼロから学ぶ物理の1,2,3 　　竹内 薫／著	定価	2,625 円
ゼロから学ぶ物理のことば 　　小暮陽三／著	定価	2,625 円
ゼロから学ぶ物理数学 　　小谷岳生／著	定価	2,625 円
ゼロから学ぶエントロピー 　　西野友年／著	定価	2,625 円
ゼロから学ぶ振動と波動 　　小暮陽三／著	定価	2,625 円
ゼロから学ぶ微分積分 　　小島寛之／著	定価	2,625 円
ゼロから学ぶ線形代数 　　小島寛之／著	定価	2,625 円
ゼロから学ぶ統計解析 　　小寺平治／著	定価	2,625 円
ゼロから学ぶベクトル解析 　　西野友年／著	定価	2,625 円
ゼロから学ぶ数学の1,2,3 　　瀬山士郎／著	定価	2,625 円
ゼロから学ぶ数学の4,5,6 　　瀬山士郎／著	定価	2,625 円

なっとくシリーズ

なっとくする量子力学 　　都筑卓司／著	定価	2,835 円
なっとくする演習・量子力学 　　小暮陽三／著	定価	2,835 円
なっとくする熱力学 　　都筑卓司／著	定価	2,835 円
なっとくする演習・熱力学 　　小暮陽三／著	定価	2,835 円
なっとくする電磁気学 　　後藤尚久／著	定価	2,835 円
なっとくする演習・電磁気学 　　後藤尚久／著	定価	2,835 円
なっとくする電子回路 　　藤井信生／著	定価	2,835 円
なっとくするディジタル電子回路 　　藤井信生／著	定価	2,835 円
なっとくする相対性理論 　　松田卓也・二間瀬敏史／著	定価	2,835 円
「ファインマン物理学」を読む 量子力学と相対性理論を中心として 　　竹内 薫／著	定価	2,100 円
「ファインマン物理学」を読む 電磁気学を中心として 　　竹内 薫／著	定価	2,100 円
「ファインマン物理学」を読む 力学と熱力学を中心として 　　竹内 薫／著	定価	2,100 円

定価は税込み(5%)です。定価は変更することがあります。　　「2005年7月10日現在」

講談社サイエンティフィク　　http://www.kspub.co.jp/